대한
민국
100
섬 여행

서해편

대한민국 100 섬 여행 서해편

초판 1쇄 발행 2022년 8월 8일
개정판 1쇄 발행 2024년 6월 27일

지은이 김민수
펴낸이 정해종
편　집 현종희
디자인 유혜현

펴낸곳	㈜파람북
출판등록	2018년 4월 30일 제2018 – 000126호
주소	서울특별시 마포구 와우산로29가길 80(서교동) 4층
전자우편	info@parambook.co.kr
인스타그램	@param.book
페이스북	www.facebook.com/parambook/
네이버 포스트	m.post.naver.com/parambook
대표전화	02 – 2038 – 2633

ISBN 979-11-7274-001-6　　13980

책값은 뒤표지에 있습니다.

대한
민국
100
섬 여행

서해편

김민수 지음

파람북

섬은 아름답다.

어느 방향으로 가도 결국 바다에 닿게 된다. 개발되고 현대적인 건물이 들어서도 몇 걸음만 옮겨 뒤편으로 돌아가면 순수한 자연과 삶의 흔적들이 남아있다.

가장 큰 하늘, 바다, 별, 바람, 노을, 돌담, 배, 갯벌….

순수 속에 존재하는 그곳에서 얼마나 많은 위안을 받았는지. 고마움은 섬으로 가는 날마다 느끼는 감정이다. 처음 봤던 섬의 자연이 몇 년이 지난 후에도 고스란히 남겨져 있거나 그곳에서 만났던 사람이 훗날 인연이 되었을 때도 고맙다. 태풍에 부서지고 생채기 난 지붕과 담벼락, 흉물스러운 모습이 되어서도 굳건히 버텨온 폐교의 동상을 다시 보게 되었을 때도 눈물 나도록 고맙다.

참 열심히 섬을 걸었다. 그런데 원고가 마무리될 때 즈음에는 또 다른 정보가 태어났다. 세 번째 섬 이야기인 이 책은 그 정보들을 집대성한 가이드북이다.

책이 세상에 나올 때까지 다시 떠나 취재하고 사진을 찍어댄 것은 여행작가로서의 양심이자 최선의 노력이었다.

책에는 직접 촬영한 1000여 점 이상의 섬 사진이 실려있다. 생생한 이미지만큼 정확한 정보는 없다고 생각했기 때문이다. 책은 지혜로운 여행을 조언하며 독자가 느낄 첫 섬에서의 감동을 기대한다. 위안과 고마움까지도.

여행자와 여행작가의 차이점에 대해 누군가 물어왔다. 미리 생각해둔 적이 없었기에 잠시 머뭇거리다 떠오르는 대로 답을 했다.

"여행자는 해변에 앉아 상념의 바다를 보고 여행작가는 하나라도 더 보기 위해 걷습니다. 그 외에는 비슷합니다."

이제 여행자로 돌아가 상념의 바다를 마음껏 즐기고 싶다. 애 많이 썼다.(스스로를 토닥토닥)

작가의 닦달에 스트레스 많이 받으셨을 파람북 편집진에 감사를 표하며, 이 책이 섬 여행의 훌륭한 길라잡이로 자리 잡길 바라는 마음이다.

섬 여행가 김민수

개정판에 부치는 글

대한민국 100섬 여행이 세상에 나온 지도 만 2년이 지났다. 그런데 벌써 개정판이다. 여행 글은 갓 잡아 올린 생선처럼 파닥여야 한다고 그랬다.

가이드북이란 극한 작업을 마치고 당분간 여행은 없을 거라 다짐했지만. 여전히 섬을 쏘다니며 사진을 찍고 글을 쓴다. 마치 개정판을 준비했던 것처럼.

느릿느릿 흐르던 섬의 시간도 변화를 예고하고 있다. 더욱 많은 섬이 연도, 연륙을 앞두고 있다. 몇 년 후에는 개정판이 아닌 새로운 이야기를 써 내려가야 할지도 모른다.

미리 걱정하지는 않기로 했다. 아마도 그때는 또 다른 여행이 생겨날 테니까.

2년째 제주도민으로 살고 있다. 사람들에게 우리나라 가장 큰 섬을 여행하고 있다고 말해왔다. 그런데 점차 생활인이 되어가는 느낌이다. 때때로 익숙함을 위해 애쓰는 자신을 보게 된다.

'맞아, 여행할 때는 바둥거리지 않았는데.'

삶과 다른 여행의 매력, 조금씩 깨우쳐 가는 중이다.

2024년 6월
섬 여행가 김민수

섬 여행 전에 알아둘 것들

섬에 대한 정의

국어사전에서 '섬'이란 주위가 수역으로 완전히 둘러싸인 육지 일부로 정의된다. 또한, 해양법에 관한 국제연합협약에 따르면 바닷물로 둘러싸여 있으며 밀물일 때에도 수면 위에 있는, 자연적으로 형성된 육지를 섬이라 부른다. 그리고 물에 둘러싸인 육지라 해도 대륙보다 작고 암초보다 큰 것을 뜻하니 호주는 제외되고 그린란드는 그 범주에 포함된다. 또한, 다리가 놓여 연륙되어도 바다로 둘러싸여 있으므로 섬의 지위는 변함없이 유지된다.

우리나라 섬 현황

한국해양수산개발원 자료에 의하면 우리나라는 인도네시아, 필리핀, 일본에 이은 세계 4번째 다도국으로 총 3,348개의 섬을 가지고 있으며 그중 사람이 사는 유인도는 472개다.

여행을 위한 섬

섬은 바다라는 커다란 자연에 둘러싸여 있으므로 그 경계가 분명하다. 섬 여행이 특별한 것은 그 경계 때문이다. 다리가 놓여 육로로 연결된 섬도 있지만 대부분은 배를 이용해야 그 경계 안으로 접근이 가능하다. 육지와는 다른 독특한 문화를 가지고 있는 것 역시 그런 이유에서다. 여행이 자연과 문화 사람을 경험하는 일이라면 섬은 매력적인 여행지의 조건을 가지고 있다. 느리게 흐르는 시간, 따뜻한 인심은 여정을 더욱 아름답게 만들어 준다.

계획

1) 날씨와 계절

여행을 계획하는 데 있어 가장 중요한 것은 장소를 정하는 일이다. 하지만 섬의 경우는 다르다. 날씨를 먼저 살펴야 한다. 여객선의 운항 여부는 날씨에 의해 결정되는데 혹 섬에서 발이 묶이면 일상으로의 복귀에 차질이 생기기 때문이다. 풍랑, 강풍, 안개 주의보 등의 기상특보가 발효되면 대부분 여객선은 결항한다. 날씨 및 특보에 관한 사항은 기상청 '날씨누리' 홈페이지를 참고하면 도움이 되며 이때 바다예보를 눈여겨봐야 한다.

한편, 식당과 숙소가 잘 갖춰진 섬이 있는 반면에 여행객을 위한 편의시설이 부족한 섬도 있다. 계절에 따라서도 그 편차를 실감할 수 있다. 성수기에는 모든 여행 인프라가 넉넉하지만, 비수기에는 부족하다. 그러나 또 다른 시각으로 보면 성수기는 번잡하고 비수기는 그에 비해 한적하고 여유롭다. 따라서 여행의 테마에 따라 계절과 섬을 매칭하고 계획해야 기대에 부합하는 여정을 이어갈 수 있다.

기상청 날씨누리 (www.weather.go.kr)

'가보고싶은섬' 홈페이지(island.haewoon.co.kr)
메인 화면(왼쪽)과 예매창(오른쪽)

2) 예약

여객선 승선권은 현장에서 구매해도 되지만, '가보고싶은섬' 홈페이지에서 예매하면 여러모로 유리하다. 인기가 있는 섬의 경우 원하는 날짜의 승선권을 미리 확보할 수 있을뿐더러 모바일티켓을 발급받고 갑작스러운 지연 출항, 결항 등의 정보도 제공 받게 된다. 코로나 이후 운항 시간과 요금의 변동 또한 심해졌으므로 여행 계획을 세울 때 미리 확인해 보는 것이 필수다.

특히 옹진군은 '가보고싶은섬' 홈페이지(island.haewoon.co.kr)의 예약시스템을 통해 서해5도(백령, 대청, 연평 외)와 근해도서(덕적, 자월 외)를 1박 2일 이상 방문하는 관광객에게 여객운임의 50%를 할인해주는 프로그램도 운영한다. (예산 소진 시 중단) 그리고 만 18세 이상 만 35세 이하 내·외국인의 경우 '바다로연간이용권'을 구매하면 주중 50%, 주말 20%의 할인 혜택을 받아 우리나라 섬을 여행할 수 있다.

숙소도 여행 전 예약해 두는 것이 좋다. 계획에 차질이 생기면 섬이란 특수한 환경 때문에 대안을 마련하기가 어렵다. 미리 알아보고 확인하는 섬 여행 습관이 필요하다.

3) 준비물

승선을 위해 반드시 신분증을 반드시 지참해야 한다. 카드 사용이 안 되는 섬도 있으니 소정의 현금을 준비하면 도움이 된다. 트레킹, 캠핑, 라이딩, 낚시 등을 즐기기 위해서는 당연히 해당 액티비티에 걸맞은 장비를 챙겨야 하지만, 단출해야 여행이 편리하다.

섬은 육지보다 낮과 밤의 기온 차가 심하다. 그리고 바닷바람에 오랫동안 노출되면 체온이 떨어지게 마련이다. 보온재킷이나 담요 등을 준비하면 섬 밤의 묘미를 안전하게 즐길 수 있다.

에티켓

섬은 지형적으로 고립돼있으며 그곳을 지켜온 주민들은 대부분 연로한 편이다. 규모가 작은 섬에서는 입도 후 여정을 이어가는 동안 같은 주민을 몇 번이고 마주치는 일이 허다하다.

그 때문에 섬 주민들에게 먼저 인사를 건네는 습관은 매우 의미가 있다. 존중의 의미도 크지만, 주민들의 경계심을 없애는 데도 한몫한다. 그리고 여행자의 존재를 주민들이 인지했을 때 예기치 못한 상황에서 도움을 받을 수도 있다.

민박이나 펜션 등 숙소를 이용할 때를 제외하고는 여행자 본인의 쓰레기는 가지고 돌아가는 것이 원칙이다. 많은 섬이 쓰레기 소화 능력을 갖추고 있지 않은 점에 주목해야 한다. 가능하면 섬으로 들어가기 전, 지역 쓰레기봉투를 구매해 사용하고 육지로 가지고 나와 처리하는 것이 바람직하다.

즐기기

자연의 모습이 고스란히 남아있는 섬은 액티비티를 즐기기에 좋은 환경을 가지고 있다. 산과 바다를 아우르는 트레킹코스가 이어진다면 캠핑하기 적당한 아름다운 해변도 있다. 규모가 큰 섬들은 라이딩이 너무도 잘 어울린다. 찬란한 아침, 애틋한 노을, 밤하늘에 가득한 별빛, 파도소리 등등 보고 느낄 거리도 넘쳐난다. 사진을 찍어 추억으로 남기기에 섬은 너무도 멋진 장면들을 제공한다.

그리고 섬의 문화와 사람들에게 관심을 가지면 더 큰 여행의 기쁨을 경험하게 된다. 시간의 흔적들은 섬 곳곳에 남아있다. 낡고 해어진 것들이 존중받는 여행 또한 그 나름의 가치를 지닌다.

차례

인천, 경기

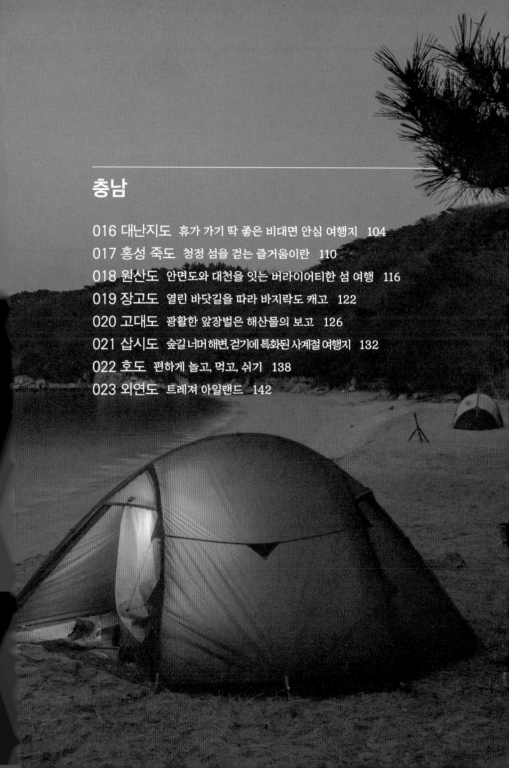

충남

전북

전남 영광군

전남 신안·목포

인천
경기

001 백령도
'휴가 한번 내고, 담대하게 떠나보자.'

백령면

고봉포구 심청각
두무진포구
용기원산 전망대
용기포선착장
사곶해변
천안함 위령탑
용틀임바위
콩돌해안

백령도는 우리나라 최북단 섬이다. 인천에서 직
선거리로 192km, 쾌속선으로 4시간이나 걸린
다. 그러다 보니 여객운임은 6만 원을 훌쩍 넘
는다. '가보고싶은섬' 사이트에서 서해5도에 대
한 50% 여객운임 지원프로그램을 이용하는 것
이 유리하다. 하지만 예산이 소진될 시에는 원
래 가격을 내야 배를 탈 수 있으므로 유념해야
한다. 백령도까지는 파도가 높고 쾌속선의 특성상 항해시간 내내 앉아 가야 하
니 미리 멀미약을 먹어 두는 것이 좋다.

백령도는 해안선 길이가 50km를 넘는다. 육지와 다리가 연결되지 않은 섬 중에
는 제주도, 울릉도에 이어 3번째로 큰 섬이다. 군사적 이유로 일몰 후에는 해안선
출입이 통제되며 곳곳에 해병대가 주둔하고 있어 사유지를 제외한 곳에서의 야
영은 불가하다. 따라서 여행 전에 숙소, 동선, 이동수단 등을 미리 계획해야 한다.
섬을 두루 살펴보려면 렌터카를 예약하거나 관광버스가 포함된 패키지여행을
선택하는 편이 낫다. 섬 내에는 다수의 개인택시가 운행하고 있으며 어촌 공영
버스는 배차 간격이 2시간 정도로 다소 길지만, 주요 관광지 대부분을 지나므
로 참고해 볼 만하다. 관문 용기포항에서 3km 거리에 있는 진촌마을은 모텔과
식당들이 즐비하게 들어선 섬의 중심지다. 몇 개의 여행사가 이곳에 있는 숙소
와 관광버스를 묶어 투어 프로그램을 운영한다. 백령도에는 메밀이 유명해 냉
면과 칼국수 맛집이 많다. 잘 알려진 식당들은 오후 3~4시가 되면 대부분 문을
닫는다. 관광객들에게 유명한 식당과 로컬맛집에 다소 차이가 있으니 현지인
들에게 정보를 얻어봄 직하다.

백령도의 동쪽 끝은 용기원산, 서쪽 끝은 두무진이다. 두 지점 모두 일출과 일
몰의 명소다. 숙소를 정하거나 이동을 할 때 이 점을 고려하면 멋진 사진을 얻
을 수 있다. 2019년에는 두무진, 진촌리 현무암, 사곶해변, 콩돌해안, 용틀임바
위가 국가지질공원으로 인증되었다. '백령, 대청 지질공원' 홈페이지에서 여행
에 대한 정보를 얻거나 무료로 해설사를 신청할 수 있다.

백령도는 최소 2박 3일 이상의 여정은 되어야 아쉬움이 남지 않는다. 북한과
가까운 지리적 특수성 외에도 볼거리 먹거리가 넘치는 섬, 휴가철이나 성수기
를 피해 휴가 한번 내고 떠날 수
있다면 해외여행이 부럽지 않은
추억이 생겨난다.

🚢 TRAFFIC

여객선
인천항연안여객터미널 → 백령도 용기포항
■ 하루 2회 운항 | 3시간 40분~4시간 소요

※ 옹진군 50% 여객운임 지원
옹진군은 서해5도(백령, 대청, 연평 외)와 근해도서(덕적, 자월 외)를 1박 2일 이상 방문하는 관광객에게 여객운임의 50%를 할인해준다. 인터넷 '가보고싶은섬' 홈페이지 (island.haewoon.co.kr)의 예약시스템을 통해 가능하며 단 왕복 배편이 동일해야 한다. 주말, 성수기 및 특별운송 기간은 제외되며 예산 소진 시 마감된다.

※ 백령도 렌터카 예약
백령도는 펜션이나 모텔 등의 숙박시설이 렌터카를 함께 운영하는 경우가 많다. 따라서 숙소를 예약할 때 렌터카를 포함하면 할인을 받을 수 있다. 렌터카 비용은 소형차 기준으로 6~7만 원이며 또한, 단체의 경우 숙소와 식사, 관광버스가 제공되는 패키지 상품이 있어 비교적 저렴하게 이용할 수 있다.

📷 PHOTO SPOTS

사곶해변
폭 200m 길이 2km의 광활한 면적을 자랑하는 해변으로 천연기념물 제391호이다.
이탈리아의 나폴리 해안과 더불어 실제 이착륙 기록(한국전쟁)이 남아있는 전 세계 단 두 곳의 천연비행장 중 하나이다. 해변의 남쪽 끝 창바위 앞 전망대에 오르면 해변 전체의 웅장한 모습을 카메라에 담을 수 있다.

용기원산 전망대
용기원산은 백령도의 두 번째 높은 산이다. 사곶해변, 담수호, 하늬해변 등의 수려한 풍광과 10km 거리의 황해도 장연군을 관찰할 수 있는 2층 규모의 전망대가 세워져 있다. 끝 섬 전망대로도 불리는 이곳은 자율운영되며 사진 촬영에 제약을 받지 않는다.

전망대에서 바라본 사곶해변과 창바위

두무진

바다 위로 솟은 기암들의 모습이 장군들이 회의 하는 모습과 흡사하다 해서 두무진이란 이름으로 불렸다. 국가 명승 8호로 10억 년 전의 퇴적구조 가 그대로 남아있다.

가거도의 섬등반도와 더불어 우리나라에서 가장 해가 늦게 지는 지역으로 꼽히며 두무진관광영어 조합법인에서 해상 유람선을 운영한다.

용틀임바위

모래와 진흙이 쌓여 만들어진 10억 년의 해식주 로 용이 몸을 뒤틀며 승천하는 모습과 절묘하게 닮았다. 오랜 세월 침식작용을 받으면서도 이암 이 포함된 암석의 구조 때문에 뾰족하고 꼬불꼬 불한 모양이 되었다. 주변에 천연기념물 제507 호인 남포리 습곡구조가 있다.

콩돌해안

남포리 오군포 남쪽 해안을 따라 1km 이어져 있 으며 구성하고 있는 자갈의 크기가 매우 작아 콩 돌해안으로 불린다. 백령도의 지질을 구성하고 있는 암석 규암, 이암, 사암, 현무암 등이 침식, 풍화작용으로 부서진 후 풍파에 의한 마찰로 작 고 둥글게 되었다.

천연기념물 392호로 보존되고 있다.

심청각

백령도는 고대소설 심청전의 배경 무대다. 심청 이가 아버지의 눈을 뜨게 하려고 몸을 던진 인당 수, 환생했다는 연봉바위가 바라보이는 산언덕 에 심청각이 자리하고 있다. 이곳에서 황해도 용 연반도까지의 거리는 불과 12km밖에 되지 않는 다. 전망 망원경을 여러 대 설치해 좀 더 가까이 관찰할 수 있도록 하였다.

심청각 심청이상 | 심청각

🏃 트레킹

달맞이 숲길 코스(8.79km | 2시간 30분 소요)
가을리-중화동-화동-콩돌해수욕장-종합운동장

백령흰나래길
- **1코스** : 용기포 맞이길 (2.7km | 1시간)
신용기포선착장-백령로사거리-통일기원탑-용기포등대-해식동굴-백령로사거리-끝섬전망대
- **2코스** : 점박이 물범길 (3.1km | 1시간 15분)
끝섬전망대 입구-피톤치드 소나무숲길-하늬해변 입구-심청각
- **3코스** : 심청마을길 (7.8km | 2시간 40분)
끝섬전망대 입구-동키부대 막사-백령면사무소-심청각-백령우체국-사곶교회-사곶해변
- **4코스** : 은빛사곶길 (3.3km | 1시간 10분)
용기포항 입구-사곶해변 진입부-제방길-담수호-배수갑문

- **5코스** : 오색콩돌길 (7.3km | 2시간 40분)
백령대교-담수호길-갈색염전길 입구-콩돌해안-모감주군락지
- **6코스** : 용틀임바위길 (3km | 1시간)
장촌마을 입구-용틀임바위 전망대-장촌마을 버스정류장-장촌포구
- **7코스** : 중화포구길 (5.1km | 2시간)
중화동 입구-중화동경로당-중화동교회-중화동경로당-백령식수원-중화담수호길-중화포구-중화동 버스정류장
- **8코스** : 백령수호길 (6.4km | 2시간 20분)
해병여단사령부-북포리 입구-소갈동-연지동 버스정류장-천안함위령비
- **9코스** : 두무비경길 (1.5km | 30분)
두무진 입구-두무진 포구-통일기원비-선대암해상관람코스

용틀임바위

고봉포구 사자바위 | 콩돌해안

두무진

기암괴석 지질 트레일 (5구간 | 18.2 km)
■ 맨틀구간 (3.1km)
끝섬전망대초입→소나무숲길→하늬해변-진촌리
현무암-물범관찰지-철책선길-백령로316번길
종점
■ 천연비행장구간 (3.3km)
용기포항입구-용기포구항통일기원탑-사곶해
변-갈대밭-제방길-백령대교-담수호배수갑문
■ 오색콩돌구간 (7.3km)
백령대교-담수호길-갈색염전길-콩돌해안집입
로-콩돌해안-모감주군락지
■ 용틀임구간 (3km)
장촌마을입구-용틀임바위전망대-남포리습곡구
조-장촌마을버스정류장
■ 두무진구간 (1.5km)
두무진입구-두무진포구-통일기원비-선대암

 라이딩
(53km | 5시간)

신용기포선착장-용기원산-하늬해변-심청각-
백령초등학교-고봉포구-연꽃마을-사항포-두무
진- 연화리마을회관 - 중화동포구(중화동교회) -
장촌포구(용틀임바위) - 콩돌해안-백령종합운동
장-화동로 - 북포초등학교-백령고등학교-백령
호 - 사곶해변-용기포신항

 해상관광

두무진유람선관광
■ 해상 4km운항 | 1시간 20분 | 15,000원
■ 장군바위-선대암-만물상-코끼리바위

FOOD

백령도 냉면

백령도는 과거 황해도에 속해있었다. 즉 실향민들의 음식이 아니라 그 자리에서 대대로 내려온 황해도 냉면이 바로 사곶냉면이다. 특징은 돼지 뼈를 우려 육수를 만들고 메밀로 면을 뽑은 다음 까나리 액젓으로 간을 내는 것. 섬 내에는 이름난 냉면집이 많은데 그중 관광객들에게는 '사곶냉면'이, 현지 주민들에게는 간판 없는 '그린파크식당'이 유명하다.

진촌리, 북포리 그리고 두무진포구

진촌리 백령면사무소 부근과 북포리 부대 주변에 식당들이 밀집해있으며 두무진포구에는 생선 횟집이 많다.

그중 진촌리의 뚱이네맛집은 본래 홍합밥 맛집으로 알려진 곳이지만 그 외에도 굴밥, 멍게밥, 해삼밥 등의 식사와 각종 매운탕류, 생선회를 메뉴로 제공한다. 특히 1인 여행객도 자연산 회를 먹을 수 있도록 양을 조절하여 곁 반찬, 매운탕과 함께 저렴하게 서비스한다. 백령도에서만 30년 가까이 식당을 운영했던 사장님의 손맛이 일품이다.

장촌칼국수

장촌 버스정류장 부근에 있으며 낡은 가옥에 눈에 띄지 않은 간판이 붙어있어 초행이라면 지나치기 쉽다. 메밀면과 굴 육수를 사용하는 장촌칼국수는 지역민들과 맛집 애호가들에게 고루 유명하다. 뚝뚝 끊어지는 면발과 국물의 얼큰하고 시원함이 기대 이상이다. 점심시간이 지나면 영업이 끝나니 일찍 서둘러야 한다.

- 사곶냉면 : 냉면 (미운우리새끼 96회 | 모닝와이드 5553회)
- 그린파크식당 : 냉면 (2TV생생정보 527회)
- 뚱이네맛집 : 해초비빔밥 (6시내고향 6496회)
- 인천횟집 : 까나리한상 (생방송아침이좋다 1030회)
- 시골메밀칼국수 : 냉면 (생생정보통 458회)
- 콩깍지 : 굴순두부전골 (2TV생생정보 527회)
- 두메칼국수만두 : 짠지떡 (생방송투데이 1058회)
- 신화냉면 : 냉면 (미운우리새끼 96회)
- 형준네식당 : 짠지떡 (VJ특공대 852회)

🏨 STAY

진촌리에 15개 정도의 모텔이 있다. 대개는 여행사와 협업을 하므로 단체 관광객이 많을 때는 방을 구하기 어려울 수 있다. 대신 백령도 전역에 30여 개의 민박 펜션이 운영 중이다.
원활한 여행을 위해 예약은 필수다.

사곶냉면 | 장촌칼국수

☎ REFERENCE SITE & PHONE NUMBER

패키지 여행
- 백령하나관광 (br-hana.kr/ | 032-836-6111)

렌터카
- 초이스렌터카 (blog.naver.com/xmasjin22 | 010-6746-0057)
- 백령도렌터카 (032-836-1661.kti114.net | 010-6757-1600)

주요 기관
- 백령대청국가지질공원 (bdgeopark.kr | 032-440-3432, 3434)
- 옹진관광문화 (www.ongjin.go.kr/open_content/tour/)
- 두무진관광영어조합법인 (032-836-8829)

음식 및 숙박
- 사곶냉면 (032-836-0559)
- 그린파크식당 (010-4814-5549)
- 장촌칼국수 (032-836-7009)
- 뚱이네맛집 (ddungenae.modoo.at/ | 032-836-9303)
- 인천횟집 (0507-1332-3300)
- 콩깍지 (032-836-6200)

- 시골메밀칼국수 (032-836-1270)
- 두메칼국수만두 (032-836-0245)
- 형준네식당 (032-836-0427)
- 신화냉면 (032-836-0372)
- 백령캠핑카펜션 (www.brcampingcar.co.kr | 0507-1414-2080)
- 백령통나무펜션 (blog.naver.com/blueran2 | 010-9440-0545)
- 연꽃마을펜션 (dusdus.modoo.at | 010-2031-4313)
- 백령도펜션 (brdpension.modoo.at | 032-836-1026)
- 백령하늬해변펜션 (www.westbeach.kr | 0507-1478-0044)
- 힐링펜션 (blog.naver.com/ohok1161 | 0507-1364-1162)
- 우리집펜션 (kigerkim.modoo.at | 0507-1411-0719)

뚱이네맛집 홍합밥
백령도 까나리액젓 | 화동습지

002 대청도

숨 돌릴 틈 없는 즐거움

옥죽동해변

농여해수욕장

미아동해변

답동해변

대청도

대청도선착장

지두리해변

사탄동해변

독바위해안

백령도, 대청도, 소청도는 같은 여객선의 항로에 있다. 우리나라 서해 최북단에 위치한다는 공통점이 있지만 세 섬이 주는 매력은 제각각이다. 그중 대청도는 가장 화려한 자연환경과 다양한 관광인프라를 갖춘 섬이다. 게다가 섬의 크기가 적당해서 도보로 혹은 자전거로도 여정을 이어갈 수 있다.

한때 한국의 사하라로 불렸던 옥죽동 사구는 물론 농여해변과 미아동해변은 여행에 대한 기대를 첫술에 만족하게 할 만큼 빼어난 풍광을 가지고 있다. 퇴적과 풍화작용의 결정판 나이테바위, 연흔바위 그리고 물이 빠지면 자연스레 만들어지는 풀등도 이곳 해변의 솜씨다.

대청도의 동쪽 해안에서 아름답고 온화한 정취를 경험했다면 서쪽 해안으로 넘어올 때는 조금은 긴장해도 좋다. 해안의 선이 급속도로 거칠어지기 때문이다. 과거 대청도는 송골매라고도 부르는 사냥용 매 해동청의 주요 서식지였다. 매바위 전망대에 서 모래울해변과 서풍받이로 이어지는 대청도 서쪽 해안의 모습을 내려다보면 날개를 펼친 매의 형상이 나타난다. 매바위 전망대에서 출발, 삼각산 정상에 오르고 광난두로 내려와 서풍받이를 돌아 나오는 7km의 코스를 삼각산의 '삼' 서풍받이의 '서'를 따서 '삼서트레킹'이라 부른다. 대청도가 자랑하는 대표적 걷기 길이다.

대청도는 12.75km² 넓이에 7개의 마을이 있는 섬이다. 현지여행사를 통해 숙소와 식사를 제공받고 전용 관광버스로 편안하게 여행하거나 공영버스와 도보를 적절히 섞어 섬을 탐방하는 방법이 일반적이다. 삼각산을 중심으로 일주도로가 순환하는데 도로에서 멀지 않은 곳에 스폿들이 자리하고 있다. 그 때문에 대청도는 자전거 여행에도 최적 섬 중 하나로 알려져 있다.

대청도는 예로부터 홍어 산지로 유명하다. 국내산 홍어의 절반은 이곳 바다에서 잡힐 정도다. 이곳 사람들은 삭히지 않은 홍어를 먹는다. 팔랭이라 불리는 간재미 무침도 여행객들에게 인기다. 선진항 포구의 식당에서 대청도의 별미를 쉽게 즐길 수 있다.

나이테바위

🚢 TRAFFIC

여객선
인천항연안여객터미널 → 대청도선진항
- 하루 2회 운항 | 3시간 40분 소요

※ 옹진군 여객운임 50% 지원 : '가보고싶은섬'
   홈페이지에서 예약(백령도편 참조)

📷 PHOTO SPOTS

농여해변
농여해변의 나이테바위(고목바위)는 물론 백령도 방향으로 보이는 풀등도 멋진 촬영소재가 된다. 썰물 때 채 빠져나가지 못한 바닷물이 단단한 웅덩이에 고여 작은 연못이 만들어진다. 이때 해변과 연못에 반영된 푸른 하늘을 함께 담아보자.

해넘이 전망대
해넘이 전망대에서는 마당바위와 서풍받이 사이의 낙조는 물론 광난두해변과 기름아가리 그리고 소청도를 배경으로 최고의 갯바위 낚시터로 손꼽히는 독바위가 각각의 앵글에 들어선다. 광난두 정자각에서 차도를 따라 남쪽으로 400m쯤 내려오다 우측 숲길로 들어서면 전망대를 만날 수 있다.

농여해변

서풍받이

해발 80m의 거대한 수직 절벽으로 거센 북서풍과 높은 파도에 의해 만들어진 침식지형이다. 풍파에 직접 노출된 절벽의 서쪽 면은 나무조차 자라지 않는 황량함으로, 그 반대편 분지는 갈대원이라 불리는 초록의 식생으로 서로 대조를 이룬다. 거칠고 험한 지형에 비해 온화하게 놓인 탐방로를 따라가다 보면 곳곳에 전망대가 있어 쉬어가고 또 사진을 찍기에도 좋다. 또한, 1시간 30분 정도면 돌아 나올 수 있는 비교적 짧은 탐방거리 때문에 일반 여행객들은 삼각산코스를 생략하고 서풍받이만을 걷기도 한다.

지두리해변

대청도의 최고의 가족 피서지로 여름철 개장 기간에는 퍼걸러를 선점하면 여러모로 유리하다. 이 시기에는 대청도 전역에서 배달음식이 온다. 화장실 샤워실 등 시설이 깨끗하고 수심이 깊지 않아 아이들 물놀이에 적합하다. '지두리'는 경첩을 일컫는 대청도 방언이다. 지두리해변 동쪽의 지질구조는 지층의 위아래가 뒤바뀐 형태다. 지질학적으로도 가치가 있는 지형이니 살펴봐도 좋겠다.

동백나무 자생 북한지

사탄동 뒷산 기슭의 '동백나무 자생 북한지'는 천연기념물로 지정되어있다. 우리나라의 동백나무 가운데 가장 북쪽에서 자라고 있기 때문이다. 남쪽에서 많이 볼 수 있는 동백나무가 대청도에서 살 수 있었던 것은 난류의 영향 때문이다.

나이테바위

농여해변의 나이테바위(고목바위)는 수평 지층이 습곡작용으로 휘어진 후 풍화, 침식작용을 받아 수직으로 세워진 일종의 시 스택으로 대청도를 상징하는 지질명소다.

서풍받이 하늘전망대

모래울해변

1km 달하는 백사장과 바다, 뒤편 언덕에는 토종 적송이 숲을 이루고 있어 대청도에서 가장 아름다운 해변으로 꼽힌다. 붉은색을 띠고 거북 등처럼 갈라진 데다 줄무늬 얼룩이 있어 기린 송이라고도 부르는 적송의 수령은 최소 200년 이상 되었다.

옥죽동 사구

옥죽동 사구는 백령도 간척사업 때 바닷모래가 북풍에 날아와 쌓이면서 형성됐다. 한때 넓게 발달했던 사구 지형은 '한국의 사하라' 혹은 '모래사막'으로 불릴 정도의 위용을 자랑했지만, 모래가 농토를 덮고 집안까지 날아와 쌓이는 등 섬 생활에 불편을 주는 원인이기도 했다. 주민들의 민원에 의해 방풍림을 조성한 이후 사구의 규모는 크게 줄어든 상태다. 현재는 조망대를 설치하는 등 대규모 복원공사가 한창이다.

옥죽동 사구

ACTIVITY

 트레킹

삼서트레킹 (7km | 4시간)
매바위전망대-삼각산정상-광난두정자각-하늘전망
대1-조각바위-하늘전망대2-마당바위-갈대원-광
난두정자각

지오트레일 (3구간 | 7.1km)
■ 풀등과 쌍물결구간 (1.2km)
농여해변 - 나이테바위-미아해변 연흔-주차장
■ 삼각산구간 (3.3km)
매바위전망대-삼각산 - 광난두정자각
■ 서풍받이 구간 (2.6km)
광난두정자각 - 서풍받이 - 마당바위 - 갈대원-광
난두정자각

 라이딩
(17km | 2시간)

선진포항 - 답동해수욕장 - 옥죽동 사구-농여해
변-미아동해변-대청고교-지두리해변-사탄동-
광난두정자-독바위-선진포항
※ 자전거선적은 하모니호만 가능, 무료

삼각산 정상

 FOOD

대청도는 식도락의 섬이다. 국내산 홍어의 주산
지이며, 꽃게, 우럭, 삼치, 홍합도 많이 난다. 여
객선이 들고나는 선진항 주변 식당에서 다양한
메뉴를 저렴하게 즐길 수 있다.
선진항의 바다식당에서는 삭히지 않은 홍어회를
먹을 수 있다. 간재미를 재료로 한 팔랭이회나
팔랭이회무침, 성게 비빔밥, 자연산 섭으로 만든
홍합탕은 꼭 먹어봐야 할 별미다.

■ 바다식당 : 홍어요리 (2TV생생정보 981회, 6
  시내고향 6655회)
■ 해안가든 : 홍어요리 (생방송오늘저녁 504회)

STAY

대청도에는 20여개의 민박과 펜션이 있다. 특히
선진동 포구에는 작은 민박들이 농여해변 부근의
옥죽동에는 대형 펜션이 밀집돼있다.

팔랭이회

REFERENCE SITE & PHONE NUMBER

주요 기관 & 여행 안내

- 대청도 홈페이지
  (대청도 www.daecheongdo.com)
- 대청면사무소 (032-899-3617)
- 문화관광해설사 (김옥자 010-9281-5301)

패키지 여행

- 엘림여행사 (www.ellimtour.co.kr | 032-836-8367)

교통

- 에이치해운 (하모니플라워호 | www.hferry.co.kr)
- 고려고속훼리 (코리아킹호, 웅진훼미리호 | www.kefship.com)
- 대청개인택시 (김명익 010-4750-1359)

음식 및 숙박

- 바다식당 (032-836-2476)
- G펜션 (www.egpension.co.kr | 032-836-3888)
- 초록별펜션 (greenstarpension.com | 010-4714-2122)
- 솔향기펜션 (032-836-2477)

해넘이 전망대

지두리해변 지질구조

003 소청도

끝없이 이어진 현실 홍합밭

소청도

소청리

답동선착장

아진포선착장

예동선착장 예동해변

분암선착장·분바위

등대박물관

인천에서 210km 거리에 있는 소청도는 행정구역상 대청면에 속해있는 섬으로 면적은 대청도의 1/5 크기다. 소청도에는 2개의 마을이 있다. 여객선이 입출항하는 답동포구에서 고개 하나를 넘으면 예동마을, 등대 길 중간지점에 있는 마을이 노화동이다. 특히 붉은 지붕의 노화동은 서북방 섬마을의 정취가 물씬 남아있는 마을이다. 생채기 난 담벼락과 파도와 해풍을 막기 위해 세워놓은 해안의 높은 벽체에는 거칠고 험했던 섬의 역사가 그려져 있다.

섬의 서쪽 끝에 있는 소청등대로 갈 때는 차도보다는 능선 위로 이어진 탐방로를 이용하는 것이 좋다. 걷는 내내 흙길을 밟을 수 있고 짙푸른 하늘과 바다, 그리고 대청도가 시야에 들어와 지루하지 않기 때문이다. 소청등대는 팔미도등대에 이어 우리나라 두 번째로 세워진 등대다. 전시실과 전망대를 갖춘 등대에선 해안의 비경은 물론 망망대해의 거침없는 자연경관을 누릴 수 있다.

섬의 주요 시설과 민박은 예리마을에 모여있다. 어족자원이 풍부한 까닭에 낚시를 즐기거나 철 따라 다양한 해산물을 만끽할 수 있다. 모든 것은 민박집을 통해 가능하다.

소청도는 우리나라 중북부와 중국의 산둥반도를 연결하는 최단거리 지역이다. 따라서 철새의 70%가 소청도를 비롯한 서해5도 지역을 지나간다. 봄은 동남아시아 등에서 겨울을 난 철새가 산둥반도를 거쳐 소청도에 잠시 내려앉는 계절이다. 철새의 생태와 이동 경로에 관한 연구를 위해 2019년 소청도에 '국가철새연구센터'가 세워졌다.

소청도 분바위는 2019년 인증된 '백령, 대청 국가지질공원'의 지질명소 중 하나다. 굴딱지 암석으로 불리는 스트로마톨라이트와 백색의 결정질 석회암 분바위는 국내 어디서도 볼 수 없는 해안지형의 특별판이다. 더욱이 분바위 해안은 토종 홍합의 밭이라 해도 지나치지 않다. 끝이 보이지 않을 만큼 개체 수가 많아 걸음을 옮기기가 미안할 정도다. 물에 넣어 끓이면 사골 국물처럼 뽀얗게 우러나고 쫀득한 식감에 담백함이 뛰어난 홍합은 소청도에서 꼭 먹어봐야 할 별미 중 별미다.

분바위

🚢 TRAFFIC

여객선
인천항연안여객터미널 → 소청도 답동항
- 하루 2회 운항 | 3시간 40분 소요

※ 옹진군 여객운임 50% 지원: '가보고싶은섬'
   홈페이지에서 예약 (백령도편 참조)

📷 PHOTO SPOTS

분바위 홍합밭
일반적으로 자연산 홍합은 물이 많이 빠진 갯바위에 붙어살지만, 소청도 홍합은 분바위 주변으로 깊지 않은 곳에 군집을 이뤄 서식한다. 발에 채는 것이 홍합이라 할 만큼 개체 수가 많다. 홍합이 밭을 이룬 분바위는 입이 벌어질 만큼 보기 드문 장관을 연출한다.

스트로마톨라이트
일명 굴딱지로 불리는 스트로마톨라이트는 암석 표면에 마치 추상화와 같은 무늬를 그려 넣었다. 또한, 해안에는 다양한 질감으로 각질이 된 바위와 형형색색의 퇴적층이 자리하고 있어 예술작품을 보는 듯한 재미가 있다.

노화동 붉은 지붕
노화동의 지붕은 대부분 붉은색이다. 하지만 획일적이라는 느낌보다는 애틋함이 앞선다. 장대 줄에 걸려 꾸덕꾸덕 건조되는 생선은 물론 해풍에 부서진 채 남아있는 굴뚝이며 담벼락과도 묘하게 잘 어울린다. 노화동에서는 섬사람들의 고된 삶이 카메라에 담긴다.

🖼 PLACE TO VISIT

소청도등대
소청등대는 1908년 일제강점기에 대청도에 있었던 일본 포경선단의 항로안내를 위해 세워졌다. 등대는 섬의 서남 끝 80m 절벽에 자리하고 있어 소청도 해안의 비경과 대청도의 용맹스러운 자태를 오롯이 감상할 수 있다. 내부시설로는 우리나라와 세계의 유명 등대를 소개해놓은 전시실과 전망대가 있다. 해양수산부와 국립등대박물관이 주관하는 스탬프 투어 15개 등대 중 하나다.

분바위
스트로마톨라이트와 함께 백령대청지질명소로 지정돼있다. 분바위는 결정질 석회암 덩어리로 오래전에는 달빛이 반사된 바위를 보고 고깃배들이 길을 찾았다 해서 '월띠'라는 이름으로 불렸다. 일제강점기부터 최근까지 건축재료로 채석되어 많은 부분이 소실된 상태다. 2009년 천연기념물로 지정, 보호되고 있다.

스트로마톨라이트

ACTIVITY

트레킹
(14km | 5~6시간)

답동선착장-예동마을-소청도등대-노화동마을-예동마을-분바위

※ 중복되는 구간이 많아 전 구간을 한 번에 걷는 것은 의미가 없다. 예동마을에서의 숙박을 전제로 한다면 이틀에 걸쳐 소청도등대와 분바위 구간을 나눠 걷는 것이 바람직하다.

지오트레일 (3구간 | 7.1km)
- 풀등과 쌍물결구간 (1.2km)
농여해변 - 나이테바위 - 미아해변 연흔 - 주차장
- 삼각산구간 (3.3km)
매바위전망대 - 삼각산 - 광난두정자각
- 서풍받이 구간 (2.6km)
광난두정자각 - 서풍받이 - 마당바위 - 갈대원 - 광난두정자각

캠핑

마땅한 캠핑 사이트가 없고 특히 군사지역인 관계로 일몰 후는 해안접근이 불가하다.

FOOD

협동조합에서 운영하는 식당이 유일하지만, 대체로 민박마다 음식 솜씨가 좋아 크게 문제될 것이 없다. 숙박을 예약할 때 미리 주문하면 계절에 맞는 해산물을 별도로 준비해 놓는다. 해산물이 안 나고 생선의 씨알이 작은 이른 봄을 제외하면 대체로 먹거리가 풍부하다. 분바위를 탐방할 때는 채취에 필요한 도구를 민박에서 빌려 가는 것이 좋다.
- 소청도협동조합 해변식당: 삼치회/톳밥 (생방송오늘저녁 1888회)

STAY

공식적으로 펜션이 한 곳 민박이 다섯 곳 운영되지만, 시설 면에서 큰 차이는 없다.

소청도 홍합

REFERENCE SITE & PHONE NUMBER

주요 기관 & 여행 안내
- 옹진문화관광 (www.ongjin.go.kr/open_content/tour)
- 백령대청지질공원 (www.bdgeopark.kr | 032-440-3434)
- 소청도등대 (032-836-3104)
- 소청 1리(예동) 이은철 이장 (010-8978-4610)

음식 및 숙박
- 노을민박 (010-8922-3043)
- 동경민박 (032-836-3184)
- 등대민박 (032-836-3022)
- 백경민박 (032-836-3024)
- 샛별민박 (032-836-3139)

주문도

가을엔 주문도

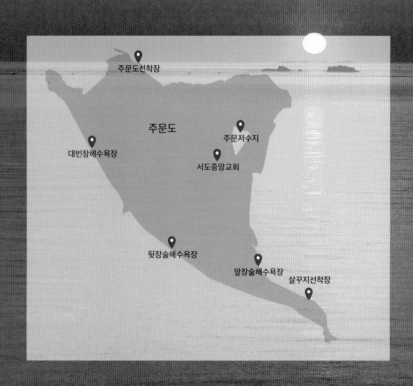

주문도선착장

주문도

주문저수지

대빈창해수욕장

서도중앙교회

뒷장술해수욕장

앞장술해수욕장

살꾸지선착장

2021년 3월부터 1시간 40분이나 걸리던 외포리(강화 외포리-주문도 느리항) 항로가 폐쇄되고 '선수항'에서 주문도 남쪽 '살곶이'까지의 항로가 신설되었다. 기존의 항로(강화 선수항-주문도 느리항)과 더불어 주문도로 가는 바닷길은 선택의 폭이 넓어진 셈이다. 주문도는 강화 인근의 섬처럼 조수간만의 차가 심해 어업이나 양식업이 발달하지 못한 대신 간척으로 생겨난 넓은 들 덕분에 주민 대부분이 벼농사를 주업으로 한다. 따라서 주문도 여행의 핵심은 해안과 들녘 그리고 마을로 이어지는 섬 트레킹이다. 길은 강화 나들길 12코스, 서도 1코스에 속한다. 굴곡이 없고 편안히 걸을 수 있어 난이도는 없다고 봐도 무방하다. 대빈창은 주문도를 대표하는 해변으로 길이만 무려 7km에 달한다. 해변 위로는 여름이면 캠핑장으로 운영되는 그늘 좋은 솔숲이 자리하고 있다. 하지만 그 밖의 계절에도 캠핑이나 차박을 하는 데 크게 제한을 받지 않는다. 뒷장술해변은 어패류의 보고다. 썰물이 되면 끝을 알 수 없을 정도의 갯벌이 드러나며 바지락부터 대합까지 실로 다양한 어패류가 잡힌다.

주문도에는 2개의 마을이 있다. 꽤 많은 민박과 펜션이 운영되고 있지만, 예약은 필수다. 식당의 대부분은 민박을 겸하기 때문에 주중이나 비수기에는 운영 여부를 미리 확인해야 한다.

바람에 물결치는 들판, 청명한 하늘이 우리가 상상하는 한적한 시골 풍경이라면 주문도는 그것으로 모자라 햇살에 반짝이는 바다마저 품었다. 평화로운 가을날 주문도로 가야 하는 까닭이다.

여객선에서 바라본 주문도

TRAFFIC

여객선
강화 선수항 → 주문도 느리항
- 하루 3회 운항 | 35분 소요

강화 선수항 → 주문도 살곶이
- 하루 3회 운항 | 35분 소요

※요금은 주말 할증

PLACE TO VISIT

서도중앙교회
1923년 순수 교인들의 헌금으로 지어진 교회로 주문1리에 있다. 건축이나 미적으로 높은 평가를 받지는 않지만, 한국 고유의 목조건물 형식을 바탕으로 서양교회를 건축했다는 데서 인천광역시 문화재자료 제14호로 지정되었다.

FOOD

썰물이 되면 주문도의 갯벌은 끝이 보이지 않게 모습을 드러낸다. 누구라도 해루질에 나서면 어렵지 않게 어패류를 채취할 수 있다. 단 백합의 경우는 지역이 한정되어있으며 조개류의 반출이 금지되어있으니 먹을 만큼만 채취해야 한다.
주문도는 벼농사가 대규모로 이뤄지는 섬이다. 그런 이유로 대개의 식당들은 직접 농사지은 쌀로 밥을 짓는다. 밥상에는 백합, 조개, 소라, 게 등 갯벌에서 잡히는 식재료들이 항상 올라온다. 그중에서도 된장 고추장까지 직접 담가 재료로 쓰는 진촌식당에 대한 평가가 좋다.

PHOTO SPOTS

대빈창 일몰
대빈창해변은 캠핑, 해수욕, 갯벌체험은 물론 강화나들길 12코스마저 지나가는 주문도 최고의 명소다. 게다가 이곳은 일몰 스폿으로도 유명하다. 대빈창의 일몰은 온 하늘을 붉게 물들일 만큼 진하다.

주문도의 가을
가을은 망둥어가 많이 잡히는 계절이다. 바다에 몸을 반쯤 담근 채 낚시 삼매경에 빠진 강태공의 모습도 좋고 너른 들판에서 곡식이 익어가는 풍경을 담아도 좋다. 유난히 파란 주문도의 하늘엔 가을이 흠뻑 느껴진다.

STAY

펜션과 민박을 포함해 10곳 이상이 운영된다. 대부분 주문 1리와 느리선착장(주문도항) 주변에 집중돼있으며 식당을 겸하는 곳들이 많다. 주말과 휴가철에는 많은 관광객이 섬으로 들어온다. 따라서 예약은 서두르는 편이 좋다.

서도중앙교회

ACTIVITY

트레킹

강화나들길 12코스
(11.3km | 3시간 | 서도 1코스)
주문도선착장(느리항)-배너머고개-주문저수지-서도초중고입구-서도중앙교회 - 해당화군락지-살곶이-뒷장술-고마이-대빈창-느리선착장

캠핑

최근 대빈창과 뒷장술에 데크를 설치했다. 마을 자치회에서 여름 성수기와 주말에 화장실과 샤워장을 관리하는 대신 이용요금(데크 50,000원, 노지 30,000원)을 받는다. 하지만 그 밖의 계절에는 캠핑이나 차박하는 데 크게 제한을 받지 않는다. 주문도에는 2곳의 마트가 있다. 규모가 큰 하나로마트는 평일만 문을 연다. 주말 캠핑을 위해서는 식자재를 미리 구입해서 입도하는 것이 좋다.

REFERENCE SITE & PHONE NUMBER

주요 기관 & 여행 안내
- 강화군 문화관광 (http//www.ganghwa.go.kr/open_content/tour)

교통
- 삼보해운 (www.kangwha-sambo.co.kr | 032-932-6619)

음식 및 숙박
- 주문도바다펜션 (jumoondo.modoo.at | 010-8258-5677)
- 하얀쪽배펜션 (0507-1399-1043)
- 진촌식당민박 (010-3065-9414)
- 환호식당민박 (010-9290-5618)
- 해돋이식당민박 (010-5382-8595)
- 선양식당 (032-934-0018)
- 미선식당민박 (032-932-7016)
- 솔향기펜션 (032-836-2477)

주문도의 가을 들판

005 신도, 시도, 모도
지금 이 순간, 추억만들기

수기해변

모도선착장
시든물해변　시도항　시도
모도
배미꾸미해변
장골해변
느진구지해변

왕봉산　능원이해변

신도

신도선착장

신도방파제

신도 시도 모도 세 개 섬은 다리로 연결되어있다. 영종도 삼목선착장에서 여객선으로 10분이면 신도선착장에 닿는다. 세 개 섬을 탐방하기 위해서는 굳이 차량을 동반하지 않아도 좋다.

배시간에 맞춰 대기하는 버스를 이용해도 되고 자전거, 전동바이크를 대여하거나 혹은 도보로도 얼마든지 돌아볼 수 있다.

신도는 구봉산을 빼고는 애기할 수 없다. 불과 197m의 높이에 지나지 않지만 화사하게 피어나 봄기운을 더욱 물씬하게 하는 벚꽃 길과 인천대교, 인천공항과 영종도의 모습이 훤하게 내려다보이는 구봉정에서의 조망이 압권이기 때문이다. 드라마 〈풀하우스〉의 촬영지였던 시도의 수기해변은 캠퍼들이 많이 찾는 곳이다. 개수대, 화장실, 편의점 등이 들어서 있어 휴가철이 아니라면 여유롭게 캠핑을 즐길 수 있다. 또한, 전망대에서는 바다 건너 강화도 마니산과 동막해수욕장이 선명하게 조망된다.

모도의 박주기는 지형이 박쥐를 닮았다고 해서 붙여진 이름이다. 여행자들은 이곳에 설치된 빨간색 조형물 'Modo' 앞에서 인증샷을 찍는다. '배미꾸미 조각공원'은 모도의 끝자락에 자리하고 있다. 배미꾸미란 배의 밑부분을 가리키는 어부들의 은어다. 2003년 조각가 이일호 씨가 우연이 이곳에 들렀다가 작업실을 차리고 작품을 전시하기 시작한 것이 오늘에 이른다.

2025년이면 영종도와 신도 사이에 다리가 놓여 차량으로 쉽게 오갈 수 있게 된다. 아직은 섬의 정취를 고스란히 가지고 있는 신도, 시도, 모도에서의 도보나 자전거 여행이 소중한 추억으로 남겨지는 까닭이다.

모도 박주기

TRAFFIC

여객선
영종도 삼목항 → 신도
- 하루 13회 운항 | 10분 소요

공영버스
- 신도선착장 ↔ 모도리 하루 12회 운행
- 3개 정류장 경유 | 편도 25분 소요

 PLACE TO VISIT

수기해변
신, 시, 모도에서 해수욕장의 모습을 갖춘 유일한 해변이다. 드라마 〈풀하우스〉의 촬영지로 알려졌지만, 현재는 안내판만 남아있다. 해변 좌측의 작은 동산과 완만한 백사장이 수수한 조화를 이뤄한여름 성수기를 제외하면 한적하고 평화로운 한때를 보낼 수 있다. 해변 내에 편의점이 있다.

배미꾸미조각공원
모도의 끝점에 자리하고 있다. 조각가 이일호의 개인 공간이지만 오래전부터 일반에게 공개되었고 조각공원과 펜션 겸 식당, 카페로 나뉘어 운영되고 있다. 조각공원에는 작가의 작품 80여 점이 전시되고 있다. 김기덕 감독의 2006년 영화 〈시간〉의 주 배경지이기도 하다. 조각공원의 앞마당이 해변으로 이어져 독특한 감성을 자아낸다.

PHOTO SPOTS

구봉정
봄철 벚꽃이 만개한 구봉산길은 걷는 이의 마음을 화사하게 해준다. 구봉산 정상 아래에 있는 구봉정은 트레커들의 쉼터지만, 섬의 해안선과 작은 바다, 그리고 인천공항과 영종도의 널찍한 모습이 앵글에 들어오는 괜찮은 촬영장소다.

시도 해당화 꽃길
한편에는 해당화가 다른 한편에는 갯벌과 바다가 1.4km가 이어지는 해당화 꽃길은 그 사이를 걸어가는 모습만으로도 훌륭한 그림이 된다. 함께 걷는 이에게 기억을 선물할 좋은 기회다.

박주기해변
신, 시, 모도를 찾아온 대부분 여행자는 이곳에서 인증사진을 찍는다. 모도 해변의 준수한 경치와 어우러진 빨간색의 MODO 상징 조형물은 SNS 피드를 돋보이게 하는 근사한 소재다.

일몰
세 섬 어느 곳에서도 일몰을 감상할 수 있다. 특히 건너섬을 배경으로 지는 해를 촬영하면 섬 특유의 쓸쓸한 분위기가 담긴다. 물 빠진 갯벌에 반영된 붉은 노을도 느낌이 있다.

신도시도 연도교

트레킹

모도해송치유숲길
(2.59km | 65분 | 옹진 숲길 10선)
모도선착장–강골해변–배미꾸미해변–박주가리

신·시·모도 트레킹
(편도 11km | 3시간)
신도선착장–구봉산(성지약수터)–신, 시도 연도
교–수기해변 해당화 꽃길–수기해수욕장–시, 모
도연도교–배미꾸미해변–모도해당화길–모도공
영버스 종점
※ 트레킹 후 모도 공영버스 종점에서 버스를 차
　고 회귀하거나, 신도선착장에서 버스를 타고
　종점에 내려 반대로 걸어와도 좋다.

라이딩
(21km 1시간 30분)
신도선착장–신도방파제–신도리–신시도연도교–
북도면사무소–수기해변–시.모도연도교–배미꾸
미해변–시.모도.연도교–신.시도연도교–신도선
착장
※ 신도선착장 부근에 자전거(1만 원으로 하루 이
　용 가능), 킥보드, 전동스쿠터, 패밀리바이크 대
　여점이 많다.

 캠핑

수기해수욕장은 최근 일부 퍼걸러에 데크를 설치
하여 캠핑장으로 운영하고 있다. 단 차량은 진입
이 불가하다.
■ 예약 : 010-6561-7555

수기해변

STAY

육지와 거리가 가까워 신, 시, 모도 여행은 대개
당일로 이뤄진다. 하지만 기발한 일출, 일몰 그리
고 멋진 섬 밤을 즐길 수 있는 숙박시설이 30여
곳을 넘는다. 고급스러운 분위기와 시설을 갖춘
펜션들은 가격도 비교적 비싼 편이다. 각각의 홈
페이지를 확인 후 예약하는 것이 좋다.

FOOD

대부분의 식당은 신도에 집중돼있다. 방송에 출
연했던 맛집들은 주로 해물 요리를 잘한다. '짜장
면집'이라는 이름의 신도 중국집은 시설은 허름
하지만, 짜장면과 탕수육이 맛있기로 소문이 자
자하다. 분위기 좋은 카페도 많아 여행 중 입과
감성이 모두 즐겁다.

- 신도도애식당 : 바지락고추장찌개/닭볶음탕
  (생생정보 878회)
- 바다식당&푸른민박 : 연포탕/낙지볶음 (생방
  송오늘저녁 940회), 소라비빔밥/연포탕 (생생
  정보 401회), 낙지볶음/해물탕 (생방송투데이
  1679회)
- 계절식당 : 해산물찜밥 (6시내고향 6397회),
  낙지볶음/칼국수 (생방송투데이 1679회)

모도
신도 선착장
구봉산 일출

📞 REFERENCE SITE & PHONE NUMBER

주요 기관 & 여행 안내
- 북도면사랑 (www.bukdo.kr)
- 배미꾸미조각공원(www.baemikumipension.com | 010-3041-3065)

교통
- 세종해운 (www.sejonghaeun.com/fare)
- 삼목선착장 (032-751-2211)

음식 및 숙박
- 도애식당 (www.ilovesindo.co.kr | 010-4904-6200)
- 바다식당&푸른펜션 (blog.naver.com/sea4666 | 032-746-4666)

- 계절식당 (0507-1415-1988)
- 짜장면집 (032-751-4087)
- 신도펜션 (www.sindopension.net | 0507-1410-8212)
- 메르메종펜션 (www.mermaison.net | 032-752-0201)
- 숲을사랑한바다펜션 (www.sindolove.co.kr | 010-9043-5306)
- 은혜펜션 (www.eunhyepension.co.kr | 032-751-3535)
- 풀사이드펜션 (poolside.co.kr | 0507-1403-2580)
- 이솔라펜션 (www.isolapension.com | 010-5211-9255)

배미꾸미 미술관

006

장봉도

실컷 걷고 난 후 백합칼국수 한 그릇

가막머리
전망대

대반창선착장

봉화산   진혼해수욕장

건어장해변

동그랑산

장봉도   국사봉   옹암해수욕장

거머지산   장봉선착장

명촌선착장   한들해수욕장

아달선착장

장봉도가 가까운 곳에 있는 것은 수도권에 사는 사람들에게는 행운이다. 영종도 삼목선착장에서 한 시간 간격으로 운항하는 여객선에 올라 신·시·모도를 지나면 곧바로 장봉선착장에 닿는다. 장봉도에는 3곳의 해변이 있다. 그중 옹암해변은 키 높은 해송 숲을 배경으로 화장실, 개수대, 놀이터 등 제반 시설이 잘 갖춰져 있어 가족 단위의 캠핑이나 피크닉에 적당하다. 하지만 트레킹을 빼고는 장봉도 여행을 얘기할 수 없다. 사계절 많은 여행객이 섬을 찾아오는 것도 대부분 걷기 위해서다. 코스는 크게 151m의 국사봉을 중심으로 능선을 타고 이어지는 내륙 트레킹과 해안을 따라 조성된 해안 트레킹으로 나뉜다. 트레커들은 자신의 일정에 맞춰 지혜롭게 코스를 조정하기 때문에 종주라고 해도 버스, 해안둘레길, 산길을 적절하게 섞어 걷는다. 특히 코스를 나눠 짧게 걸을 때는 유노골까지 차량으로 접근해 가막머리 전망대를 왕복하는 해안둘레길 구간을 추천한다. 눈에는 해안 비경이, 코로는 바다 내음이 즐거운 코스다.

장봉도는 과거에는 새우잡이로 유명한 섬이었다. 섬 남쪽의 건어장해변은 과거 새우 건조장이 있었던 곳이다. 섬은 청정 갯벌을 가지고 있으며 주변으로 임진강과 한강이 만난다. 상합으로도 불리는 백합 그리고 소라가 많이 잡히는 까닭이다. 백합칼국수와 소라비빔밥은 섬 식당들이 자신 있게 내놓는 메뉴다. 전통방식의 지주식 양식 김과 낙지, 굴 등도 계절별로 먹어봐야 할 장봉도의 특별한 먹거리다.

옹암해변 저녁풍경

TRAFFIC

여객선
영종도 삼목항 → 장봉도 옹암선착장
- 하루 13회 운항 | 40분 소요

신도 → 장봉도 옹암선착장
- 하루 13회 운항 | 30분 소요

장봉도 내 공영버스
- 장봉도 옹암선착장 ↔ 장봉4리
- 하루 14회 운행 | 편도 20분 소요

PLACE TO VISIT

작은멀곶
장봉1리 경로당 앞에는 바다를 향해 250m 뻗어난 긴 다리가 있다. 그 끝에 있는 바위섬을 작은멀곶이라 부른다. 오래전 다리가 연결되지 않았을 당시, 가까이 있어도 배를 타지 않으면 갈 수없는 곳이라 해서 붙여진 이름이다. 작은멀곶의 남북으로는 긴 모랫둑이 형성되어 강한 파도가 해안으로 접근하는 것을 막아준다.

유노골
유노골의 해안지형은 최소 12억 년 전에 형성된 암석이 지각변동 후 풍화침식을 받은 것이다. 제멋대로 생긴 바위들도 독특하지만, 물결이 흐르는 듯한 문양이 이어져 마치 선사시대의 모습을 그대로 보는 듯하다. 예전 이곳에 사슴이 살았다는 이야기가 있으며, 그래서 유녹골로도 불린다.

PHOTO SPOTS

가막머리 침식동굴
가막머리 전망대에서 바닷가로 조금만 내려가면 파도에 의해 만들어진 침식동굴이 하나 나타난다. 동굴 안에 들어가 하늘과 바다 위에 떠있는 동만도, 서만도를 배경으로 사진을 찍으면 멋진 그림이 완성된다. 장봉2리 강구지해안에도 밖에서는 쌍굴로 보이지만 내부에서 하나로 이어진 해식동굴이 있다.

장봉도 노을
가막머리는 장봉도의 대표적 낙조 촬영지다. 낙조 전망대에서 바라보면 정확히 동만도 서만도 방향으로 해가 진다. 또한, 옹암해변과 봄, 가을에 장봉선착장을 떠난 막 배가 삼목선착장으로 돌아오는 여객선 위에서도 근사한 낙조를 담을 수 있다.

장봉1리 해안가
옹암선착장 북쪽 끝 마을은 자칫 지나쳐 버리기에 십상이다. 하지만 이 마을은 여행객으로 북적이는 해수욕장과는 또 다른 정취가 있다. 해안도로 제방에 쓰인 주민들의 사는 이야기와 그림만으로도 애틋함이 생겨난다. 자연스레 널린 어구를 소재로 감성을 표현해봐도 좋을 듯.

선착장

ACTIVITY

트레킹

장봉도 트레킹은 뭐니 뭐니 해도 썰물 때가 제격이다. 건어장해변 우측 끝에 있는 팔각정을 들머리로 섬과 바다의 경계를 따라 가막머리 전망대까지 걷고 섬 능선을 타고 봉화대를 지나 원점으로 회귀하는 코스가 그중 으뜸이다.

추천 코스 (6.5km | 3시간)
건어장해변 – 유노골 – 가막머리동굴 – 가막머리 – 봉화대 – 장봉4리 – 건어장해변

장봉도 가막머리해안길 (6.71km | 2시간 10분 | 옹진숲길 10선)
장봉3리 팔각정 - 봉화대 - 가막머리 - 유노골 - 밧모기도원

장봉도 갯티길

■ **1코스 : 신선놀이길 (8.21km | 2시간 30분 | 난이도 하)**
작은멀곶(옹암구름다리) - 상산봉 - 장봉1리 - 말문고개 - 국사봉 - 헬기장 - 장봉3리 팔각정

■ **2코스 : 하늘나들길 (3.2km | 1시간 30분 | 난이도 하)**
장봉3리 팔각정 - 봉수산 - 봉수대 - 가막머리전망대

■ **3코스 : 구비너머길 (4.03km | 1시간 30분 | 난이도 하)**
장봉3리 팔각정 - 임도 - 석산터

■ **4코스 : 장봉해안길 (3.92km | 1시간 40분 | 난이도 상)**
건어장해변 - 유노골 - 해안기암괴석 - 가막머리전망대

■ **5코스 : 야달인어길 (4.62km | 1시간 50분 | 난이도 중)**
장봉치안센터 - 야달선착장 - 강구지 - 건어장해변

■ **6코스 : 한들해안길 (3.55km | 1시간 30분 | 난이도 중)**
장봉치안센터 - 다락구지전망대 - 한들해변 - 제비우물 - 구름다리

■ **7코스 : 장봉보물길 (4.4km | 1시간 50분 | 난이도 중)**
진촌해변 - 소재해변 - 장술과뿌리 - 혜림원둘레길

라이딩
(19km | 1시간 30분)
장봉선착장 - 작은멀곶 - 말문고개 - 진촌해변 - 건어장해변 - 야달선착장 - 옹암해수욕장 - 장봉선착장

캠핑

옹암해수욕장 캠핑장
주말과 성수기를 기준으로 관리비를 받고 있다. 차량은 주차장에 세우고 왜건 등을 이용 짐을 날라야 하지만 해변과 솔밭 어느 곳에서나 자유롭게 텐트를 칠 수 있다. 반려견도 동반할 수 있다. 시설로는 화장실과 개수대, 샤워장, 족욕탕, 놀이터 등이 있다.

장봉 1리 해안가

옹암 파라다이스캠핑장

옹암해변 사유지 구역의 캠핑장이다. 캠핑 외에도 평상, 방갈로, 펜션을 갖춰 놓고 별도의 요금을 받고 있다. 차량접근이 가능하고 화장실, 개수대 외에 온수사워장도 갖춰 놓았다.

한들해수욕장 캠핑장

과거에는 한적함을 자랑하던 해변이 주말이면 자리를 잡기도 어려울 만큼 캠핑족들로 북적이게 되었다. 차량을 옆에 세우고 텐트를 칠 수 있다는 장점이 있으며 화장실, 개수대 외에는 별다른 시설이 없다.

가막머리 전망대

장봉도를 찾는 백패커들에게 가장 인기 있는 숙영지는 가막머리 전망대였다. 바다를 향한 널찍한 데크에 낙조를 조망할 수 있다는 점이 매력적이지만 취사에 의한 화재 위험성 그리고 쓰레기와 오물 처리의 어려움이 늘 문제로 야기됐던 곳이다. 그런 이유로 현재는 취사 및 야영을 금지하고 있다.

작은멀곶 | 백합칼국수

FOOD

장봉도의 청정 갯벌은 백합, 낙지, 소라 등 신선한 해산물의 산지다. 그 때문에 식당들은 갯벌 해물을 베이스로 한 음식들에 특화돼있다. 재래 지주식으로 양식하는 장봉도 김 역시 미식가들에게 좋은 평가를 받는다.

- 바닷길식당 : 백합칼국수/소라비빔밥 (생방송 아침이좋다 396회)
- 식객식당 : 백합회/백합칼국수 (생방송투데이 2570회)
- 하늘정원맛집 : 김 한상 (생방송오늘저녁 1510회)
- 옹암식당 : 해산물 (6시내고향 6101회)
- 비치식당 : 갯벌 한상 (생방송투데이 2201회)

📞 REFERENCE SITE & PHONE NUMBER

주요 기관 & 여행 안내
- 북도면사랑 (www.bukdo.kr)
- 세종해운 (www.sejonghaeun.com/fare)
- 삼목선착장 (032-751-2211)

캠핑
- 옹암파라다이스캠핑장 (010-3122-8856 | 010-7540-1232)
- 한들해수욕장캠핑장 (032-752-8500)

가막머리 전망대 | 진촌해변 | 봉화대

가막머리 해안동굴

007

덕적도
섬 여행의 종합선물세트

선미도

능동자갈마당

덕적도항

덕적도

덕적소야교

서포리해변

진리선착장

소야도

작은이마

덕적도는 소야도, 문갑도, 지도, 울도, 굴업도, 백아도 등 6개의 유인도와 41개의 무인도로 이뤄진 덕적군도의 모섬이다. 도우선착장은 덕적도의 관문이다. 여객선의 도착 시각에 맞춰 소야도행, 북리행, 서포리행 버스가 각각 대기한다. 주말이면 주차장에서는 '북적북적 덕적 바다역시장' 이름으로 장터가 열린다. 간재미, 소라, 꽃게 등 싱싱한 제철 수산물을 저렴하게 구매할 수 있다. 캠핑이나 민박 등의 숙박을 위한 식자재는 선착장 부근의 하나로마트를 이용하면 편리하다.

덕적도의 서남해안에는 유독 모래 해변이 많다. 잘 알려진 서포리, 밧지름 외에도 큰이마, 작은이마 등 작고 오붓한 해변이 숨겨져 있다. 섬을 찾아온 여행객의 반 이상은 서포리해변을 행선지로 한다. 1970년대부터 동양의 하와이라 불리며 섬 손님들을 맞아온 덕적도의 대표적 휴양지로 폭 100m, 길이 3km의 드넓은 백사장과 수령 200년 이상의 해송 숲이 절묘한 조화를 이루고 있다.

섬의 북쪽 끝에 있는 능동자갈마당은 이름 그대로 자갈과 몽돌로 이뤄진 해변이다. 바람이 강하고 자연의 투박함이 고스란히 남아있어 익스트림한 환경을 즐기는 백패커들에게 권할 만하다. 또한, 가까운 곳에 조성된 서해 최대 규모의 갈대군락지에서 계절의 감흥에 흠뻑 빠져볼 수도 있다.

덕적도는 산세가 좋기로 유명하다. 많은 트레커들이 산을 걷기 위해 섬을 찾아온다. 그중에서 비로봉 코스는 소야도, 문갑도, 각흘도, 지도, 굴업도 등 주변 섬으로의 조망이 탁월해 가장 인기가 있다.

덕적도는 캠핑, 백패킹, 낚시, 라이딩, 트레킹 등 아웃도어의 제반 환경을 모두 갖춘 섬이다. 여행자는 종합선물세트와 같은 섬에서 본인의 테마를 찾아 즐기면 그만이다.

서포리해변

🚢 TRAFFIC

여객선
인천항연안여객선터미널 → 덕적도 진리 도우
선착장
- 하루 3회 운항 | 쾌속선 1시간 10분, 차도선
  1시간 50분 소요

대부도방아머리선착장 → 덕적도 진리 도우선
착장
- 하루 1회 운항 | 2시간 20분 소요

※ 옹진군 여객운임 50% 지원: '가보고싶은섬'
홈페이지에서 예약 (백령도편 참조)

덕적도 공영버스
- 하루에 서포리, 북리, 소야행 각 8~9회 운행

📷 PHOTO SPOTS

북리등대
덕적도 북서쪽의 북리선착장에는 바다를 향해 길
게 뻗어난 방파제가 있다. 그 끝에 세워진 빨간
등대는 여행자들에게 감성 스폿으로 알려졌다.
등대 벽체의 빛바랜 고래 그림 위에 덧칠된 빨강
이미지는 포구의 아침 분위기와 묘하게 잘 어울
린다.

능동자갈마당
덕적도 최북단의 해변이다. 거센 바람과 파도에
침식된 기암이 늘어서고 크고 작은 몽돌이 거품
을 일으키며 해변을 구르는 경관은 시선을 압도
한다. 이곳은 낙조로도 유명하지만, 겨울철에는
혹한의 익스트림한 분위기가 연출되는 특별한 스
폿이다.

🖼 PLACE TO VISIT

밧지름해변
서포리와 비교해 규모는 작지만, 자연미가 넘치
는 백사장과 바다의 풍광은 모자람이 없다. 방풍
림으로 조성된 600그루 소나무 숲의 그늘 덕분
에 한여름에도 시원함을 누릴 수 있다.

서포리해변
서포리의 해변은 이미 1977년 국민관광지로 지
정된 덕적도의 대표적 휴양지다. 해변 뒤편으로
민박, 펜션, 자전거 대여소, 식당, 편의점 등이 들
어서 있으며 오토캠핑장, 웰빙숲산책로 등을 갖
추고 있어 만족스러운 휴식과 레저활동을 즐길
수 있다.

비조봉
제일 높은 봉우리는 아니지만, 덕적도 산행의 중
심으로 꼽힌다. 비조봉 정상을 거치는 코스는 총
4개가 있으며 그 중 밧지름을 기점으로 하는 길
이 가장 짧다. 비조봉 전망대에 서면 문갑도, 굴
업도, 백아도, 울도, 선갑도 등 덕적군도의 서남
쪽 섬들이 시원하게 조망된다.

덕적 바다역

ACTIVITY

트레킹

덕적도 비조봉 소나무 숲길 (4.15km | 1시간 50분)
서포리 산림욕장-비조봉-진말(진1리)-진리해변-선착장

비조봉 등산 코스
- 1코스 : 비조봉+국수봉 종주 코스 (11.5km | 6시간)
  호박회관(구 진리마을회관)-비조봉-운주봉-기지국철탑-비조봉산길 종점/국수봉산길 시점-국수봉-용담/바갓수로봉
- 2코스 : 비조봉+북리 해안산책길 (10km | 5시간)
  이개마을입구-기지국철탑-비조봉산길 종점-노송식당(북2리)-소재해변-능동자갈마당
- 3코스 : 비조봉+서포리해수욕장 (3km | 1시간 30분)
  밧지름해변(비조봉입구)-비조봉-덕적면 종합운동장(서포리운동장)-서포리해수욕장입구

라이딩

일반 코스 (약 11.3km)
진리 도우선착장-밧지름해변-서포리해수욕장-벗개방조제-벗개쉼터-서포2리 마을회관

중급 코스 (약 9km)
진리 도우선착장-이개마을-성황당 간이쉼터-북리등대-서포2리 마을회관

해안경관 코스 (약 2.3km)
서포리선착장-서포리해수욕장 해안길-서포리 해안길 종점(방파제)

MTB 코스 (약 4.3km)
진리 도우선착장-MTB 코스 입구(이화민박 옆)-이개마을(종점)

캠핑

덕적도 캠핑은 크게 밧지름, 서포리, 능동자갈마당으로 나뉜다. 밧지름해변까지는 3.5km로 도보로 이동할 수 있지만, 서포리나 능동자갈마당은 배 시간에 맞춰 대기하고 있는 공영버스를 이용하거나 섬 택시를 호출해야 한다. 도우선착장 옆 하나로마트는 규모가 큰 편이라 캠핑용 식자재를 구입하기에 편리하다. 서포리해변 뒤쪽에 있는 오토캠핑장은 총 50사이트로 서포리 마을에서 위탁 관리한다.

하나로마트 | 공영버스

진리선착장과 북리선착장 부근에도 숙박시설이 있지만, 덕적도 관광의 중심이라 할 수 있는 서포리 주변으로 40곳이 넘는 펜션과 민박이 운영 중이다. 옹진군청에서 운영하는 '옹진민박' 사이트 (www.ongjin.go.kr/minbak)를 이용하면 손쉽게 비교하고 예약할 수 있다.

덕적도는 먹거리가 풍부한 섬이지만 식당이 많은 편은 아니다. 진리선착장 주변의 차도를 따라 횟집과 중식당, 백반집과 카페들이 늘어서 있다. 매년 이른 봄(3월~4월)부터 10월까지 주말마다 열리는 바다시장역 장터에서는 제철 해산물을 소량으로 구입할 수 있다. 특히 봄, 가을철 꽃게는 품질도 좋고 값도 싸서 많은 인기가 있다. 덕적도는 어느 곳에서나 치킨이나 생선회를 배달시켜 먹을 수 있다. 단 횟값은 다소 비싼 편이다.

■ 해물천국 : 우럭건작탕 (생방송투데이 2406회)

덕적소야교 | 바다장터
해안경관로

📞 REFERENCE SITE & PHONE NUMBER

주요 기관 & 여행 안내
- 덕적도 (www.mydeokjeokdo.com)
- 덕적면사무소 (032-831-7773)

교통 및 캠핑
- 덕적도 개인택시 (010-9911-2507, 010-2055-5855)
- 서포리 오토캠핑장 (서포리번영회장 010-6678-4070)

음식 및 숙박
- 뻘짬뽕 (0507-1344-1018)
- 해물천국 (010-5000-2202)
- 덕적식당 (032-831-2510)
- 회나라 (010-7106-6500)
- 블루비치 (okbluebeach.wonstar.kr | 010-2795-2845)
- 이화콘도민박 (djehwa.modoo.at | 0507-1489-4488)
- 민션씨사이드 (032-833-0707)
- 서울민박 (www.dukjuk.com | 010-9745-2238)
- 쉼표펜션 (peongsuri.com/h/djdswimpyo | 010-8889-3639)
- 섬이야기펜션 (somestory.modoo.at | 010-3479-7786)

자갈마당

008 소야도
슬기로운 베이스캠프

장군바위
창부섬
진리항
소야도선착장
진리선착장
바다갈라짐
호랑이바위
물푸레섬
국사봉
갓섬
소야도
선촌항선착장
죽노골해수욕장
큰말
떼뿌루해변
뒷목섬
왕재산

소야도는 덕적도의 동남쪽으로 500m 거리에 있는 섬이다. 2018년 덕적소야교가 개통되면서 두 섬은 차량으로 왕래할 수 있게 되었다. 소야도는 면적은 작지만 떼뿌루해수욕장이란 천혜의 자연 휴양지를 가지고 있다. 모래 곱고 물색 맑은 700m 길이의 백사장 위쪽에는 5성급이라 불릴 만큼 아름다우며 또 완벽한 관리를 자랑하는 야영장이 놓여있다. 널찍하고 탄탄한 천연잔디 야영장은 빼곡하게 자라난 송림이 바닷바람을 막아줘 아늑한 느낌을 준다. 또한, 주민들이 직접 관리하는 화장실과 개수대는 365일 언제나 청결하다.

2021년 쾌속선의 운항중지 이후 소야도는 대부도발 차도선만 기항하는 섬이 되었다. 따라서 소야도를 여행하기 위해서는 덕적도에서 하선하여 대기하고 있던 공영버스나 도보로 다리를 건너야 한다.

소야도는 국사봉과 왕재산을 중심으로 하는 두 개의 덩어리가 잘록한 허리로 이어진 모양을 하고 있다. 섬 트레킹은 일반적으로 텃골고개를 들머리로 하여 국사봉 능선을 타고 떼뿌리에서 마무리한다.

큰말은 소야도에서 가장 큰 마을이다. 마을의 좌측 끝으로는 갓섬, 간뎃섬, 물푸레섬이 차례대로 떠 있다. 썰물이 되면 섬들은 바닷길을 만들어낸다. 얼마 전까지 마을 주민들은 이곳에서 낙지도 잡고 바지락도 캐서 찬거리를 만들거나 여행객들에게 팔았다. 다리가 놓인 후 독립적이던 정취는 다소 희석된 감이 있지만, 여행객들은 소야도 떼뿌루야영장을 베이스캠프로 덕적도까지 두루 살필수 있는 여정의 기회를 얻었다.

송곶여

🚢 TRAFFIC

여객선

인천항연안여객선터미널 → 덕적도 진리 도우
선착장
- 하루 3회 운항 | 쾌속선 1시간 10분, 차도선
  1시간 50분 소요

대부도방아머리선착장 → 소야도
- 하루 1회 운항 | 2시간 30분 소요

※ 옹진군 여객운임 50% 지원: '가보고싶은섬'
  홈페이지에서 예약 (백령도편 참조)

소야도 공영버스

소야행 하루 8~9회 운행
※ 덕적 바다역 배 시간에 맞춰 대기

📷 PHOTO SPOTS

죽노골해변

떼뿌루해수욕장의 우측 끝에서 산길을 따라 올라
갔다가 다시 바닷가로 내려오면 영화 〈연애소설〉
의 명장소로 알려진 죽노골해변이 모습을 드러낸
다. 이곳은 소야도에서 으뜸가는 일몰 촬영지다.
물때에 따라 소야도와 이어졌다 또 홀로 돌아가
는 뒷목섬을 배경으로 하면 세련된 해넘이 사진
을 얻을 수 있다.

소야도 바다갈라짐

큰말(큰마을)해변 우측의 갓섬, 간뎃섬, 물푸레섬
은 물때가 변함에 따라 각기 색다른 분위기를 연
출해낸다. 썰물이 되어 갓섬과 간뎃섬이 연결되
면 하얀 굴 껍데기로 뒤덮인 섬 해변과 삐죽삐죽
솟아난 송곳여를 바로 앞에서 관찰할 수 있다. 백
중사리(음력 7월 15일) 전후 며칠간은 물푸레섬
까지 완전히 이어진 1.3km의 바닷길을 촬영할
수 있는 적기다.
소야도는 이외에도 죽노골 뒷목섬, 창부섬(장군바
위), 마베부리(매바위) 등에서 바닷길이 열린다.

🖼 PLACE TO VISIT

호랑이바위

갓섬 바닷가에는 호랑이 두 마리가 교미하는 모
습의 문양이 있는 바위가 있다. 주민들은 '호랑이
새끼낳는바위'라 부르기도 한다. 자세히 보면 바
위 아래쪽에 새끼문양이 있다. 이 바위는 아이를
못 낳는 사람에게 효험이 있다고 알려졌다.

매바위등대

소야도의 동쪽 끝자락에는 빨간 등대가 하나 서
있다. 일명 소야도등대라 부르며 바위섬 사이의
좁을 수로를 통과하는 선박들의 안전을 위해 설
치되었다. 등대가 딛고 있는 작은 섬을 '마베부
리'라고도 부른다.

장군바위

소야도는 소정방이 나당 연합군을 이끌고 머물렀
던 섬으로 전해진다. 북동쪽 바다에 솟아있는 창
부섬(장군섬)과 그 옆에 바싹 붙어 장군바위로 불
리는 시 스택이 전설의 주인공이다.

큰말

ACTIVITY

트레킹

소야도 트레킹은 국사봉과 왕재산을 별도로 오른 것이 좋다.

해오름펜션 코스 (2.5km | 1시간 30분)
떼뿌루고개(해오름펜션)-국사봉입구삼거리-국사봉-죽노골해변-떼뿌루해변

국사봉 텃골 코스 (2.5km | 2시간)
텃골-국사봉-죽노골해변-떼뿌루해변

왕재산 코스 (3.8km | 3시간)
산허리숲길-짐대끝갈림길-산사태너덜길-막끝갈림길-막끝전망대-왕재산정상-소나무숲길-철문-떼뿌루 · 큰말 갈림길-떼뿌루해변

캠핑

떼뿌루야영장은 섬 야영장 중에 최고의 시설과 환경을 자랑한다. 해수욕장 개장 시기에는 비용을 징수하지만, 그 밖의 계절에는 무료다. 그런데도 화장실과 개수대는 매일 1, 2회씩 청소가 된다. 차량은 주차장에 세우고 잔디밭이나 송림 아래에 사이트를 구성해야 한다. 떼뿌루해변은 차박지가 아니다. 또한, 퍼걸러에는 텐트 설치가 불가하다. 해변 주차장에서 회차하는 공영버스를 타면 배 시간을 맞출 수 있고 덕적도로 여정을 이어 갈 수도 있다. 식자재는 덕적도의 하나로마트를 이용하는 것이 좋으나, 해변 옆 떼뿌루민박(010-6259-6968)이 운영하는 매점에서 간단한 라면, 음료수, 주류는 구입할 수 있다.

떼뿌루해수욕장

떼뿌루캠핑장

떼뿌루캠핑장

바다 갈라짐

STAY

덕적도와 다리가 연결되면서 기존 민박시설에 외지인들이 별장을 겸해 운영하는 펜션이 늘어나는 추세다. 교통과 식당 등의 편의시설이 부족하단 이유로 일부는 덕적도에다 숙소를 정하고 소야도를 여행한다. 하지만 단기 여행에 있어 자연환경은 여정을 풍족하게 하는 중요한 요소임을 염두에 두어야 한다.

FOOD

덕적도와 연도된 후 소야도에는 식당이 사라졌고 카페만 한두 곳 운영되고 있다. 물 빠진 떼뿌루해변에서는 조개나 바지락이 많이 나오며 초보자도 갯바위 낚시로 우럭, 놀래미를 잡을 수 있다. 또 가을에는 갓뎃섬 주변이 온통 굴밭이 된다.

REFERENCE SITE & PHONE NUMBER

교통
- 소야도공영버스 (010-9053-8272)
- 덕적도 개인택시 (장문선 010-9911-2507 | 강응석 010-2055-5855)
- 떼뿌루민박 (010-6259-6968)

음식 및 숙박
- 로뎀나무펜션민박 (010-8240-0948)
- 섬초롱민박 (soyabell.com | 010-8965-5265)
- 바다애펜션민박 (010-2264-8363)
- 해오름펜션 (010-9706-9288)
- 소야민박 (010-2668-2940)
- 소야도카페 (0507-1320-8990)

죽노골해변
호랑이바위

문갑도

덕적군도에는 문갑도도 있다

할미염전망대

진모래해변

한얼리해변

문갑도

누적바위

깃대봉

문갑해변   선착장
처녀바위전망대   할배바위   등산로 입구

문턱뿌리 당공바위

사자바위

굴업도가 없었다면 문갑도는 덕적군도의 대표 섬이 되었을 것이다. 덕적도에서 뱃길로 20분 거리로 비교적 가까운 데다 5개의 크고 작은 모래 해변, 수려한 전망의 산행길과 한적하고 평화로운 섬 정서가 있기 때문이다.

주민 대부분은 연로한 편이지만 다른 섬과 비교하면 비교적 젊은 60, 70대가 많다. 육지에 살다 은퇴 후 귀향하거나 조용한 노후를 위해 섬으로 들어와 사는 외지인의 비율이 높기 때문이다. 최근의 문갑도는 〈자구리축제〉와 〈문갑도 예술을 입히다〉, 〈열흘밥상〉 프로젝트 등을 통해 더욱 알려진 섬이 되었다. 마을은 선착장에서 600m 떨어져 있다. 마을로 들어오는 도로 아래의 바닷가는 주민들의 식량 창고다. 물이 빠지면 호미와 소쿠리를 옆에 찬 할머니들이 굴을 따러 나선다. 문갑도 갯가에서 나는 굴은 쫀득한 식감에 짭조름한 맛이 뛰어나다. 마을 공동어장이 없으므로 여행객들 역시 굴 채집에 자유롭다.

높이 276m의 화유산은 트레커들에게 지나치지도 모자라지도 않은 최적의 난이도를 제안한다. 산길이 폭신한 이유는 밟고 지나간 사람들이 많지 않기 때문이다. 문갑도의 식생은 다양하면서도 생기가 넘친다. 정상에 다다를 때 즈음이면 섬을 품은 바다가 활짝 열린다.

덕적군도에는 굴업도만 있는 것이 아니다. 문갑도도 있다.

한우리해변캠핑

TRAFFIC

여객선

인천항연안여객터미널 → 덕적도 진리 도우선 착장

- 하루 3회 운항 | 쾌속선 1시간 10분, 차도선 1시간 50분 소요

대부도방아머리선착장 → 덕적도 진리 도우선 착장

- 하루 1회 운항 | 2시간 20분 소요

덕적도 → 문갑도

- 하루 1회 운항, 11:20 출항
- ※ 인천항에서 아침, 08:30, 09:10 여객선을 타야 덕적도 → 문갑도행 탑승 가능

PLACE TO VISIT

한월리해변

한월리 해변은 북쪽을 향해있어 일출과 일몰의 극적인 장면은 기대하기 어렵지만 곱고 단단한 모래질과 아늑한 분위기 때문에 여름이면 꽤 많은 피서객이 찾아든다. 또한, 해변 위쪽의 모래언덕은 조수에 영향을 받지 않고 곰솔 숲을 배경으로 하고 있어 야영지로도 손색이 없다.

PHOTO SPOTS

문갑도 바위

문갑도에는 기묘한 모습의 바위들이 유난히 많다. 사람이 들어갈 수 있는 당공바위, 벼락을 맞아 두 동강이 난 벼락바위, 벌집처럼 구멍이 숭숭 난 벌집바위, 사자바위, 자연조각공원의 병풍바위 등이 그것이다. 2020년 김주호 사진작가가 10여 회의 문갑도 탐방을 통해 바위들을 포함한 비경을 엮어 문갑8경이라는 여행지도를 만들기도 했다.

- 문갑 8경 : 한월리해변, 처녀바위전망대, 사자바위, 벌집바위, 진모래, 할미염전망대, 당공바위, 벼락바위

FOOD

문갑도에는 식당이 없다. 대신 숙박 손님들에게만 밥을 제공하는 아쉬움은 있지만, 민박집 밥상이 정성스럽고 또 맛깔나다. 해마다 축제를 치렀던 경험 때문이다.

STAY

섬 내 3~4곳 정도의 민박이 있지만, 여행객이 적은 평일과 비수기에는 운영을 하지 않는 경우가 종종 있다. 여행 전 미리 알아보고 계획을 세우는 것이 좋다.

갯벌

ACTIVITY

트레킹

문갑도 '해누리길'은. 총 6코스에 걸쳐 15.14*km* 로 조성됐다. 또한 당일치기 방문자와 숙박객들을 위해 단거리(4.25*km*, 1시간 30분)와 장거리 코스(12.55km, 5시간)를 구분해 놓은 것도 특별하다.

단거리 코스
선착장-처녀바위-깃대봉-진고개-한월리해변

캠핑

최근 문갑도를 찾는 백패커들이 부쩍 늘어난 것은 한월리해변 때문이다. 선착장에서 불과 1.2km밖에 되지 않아 접근성도 좋고 최근에는 화장실과 샤워장도 새로 지어져 불편함이 줄었다. 해변 위 곰솔 숲은 여름에는 그늘을 만들어주고 겨울에는 방풍림의 역할을 한다. 주민들이 캠핑에 대해 관대한 것도 문갑도를 찾게 되는 이유다. 마을 안에 술과 음료수를 파는 작은 가게가 있지만, 캠핑을 위한 식재료는 덕적도에서 구입해서 들어와야 한다.

📞 REFERENCE SITE & PHONE NUMBER

교통
- 고려고속훼리 (www.kefship.com | 1577-2891)

음식 및 숙박
- 광복호민박 (010-6286-7343)

- 바다향기민박 (010-6259-0089, 032-831-9559)
- 바다가보이는집(010-8969-8377, 032-831-0936)
- 해오름민박 (010-4566-9943)

벼락바위

유수지공원

010 굴업도

마음에 두었다면 닥치고 떠나라

연평산

붉은모래해변

덕물산

코끼리바위 해안사구

목기미해변

굴업도

굴업도선착장

굴업도해수욕장

개머리언덕

낭개머리

소굴업도

한국의 갈라파고스라 불리며 애써 다듬지 않은 순도 높은 자연환경을 고스란히 보여주는 섬 굴업도. 인천항을 출발, 덕적도에서 배를 한번 갈아타야 함에도 섬으로 향하는 백패커와 여행객들의 발길이 멈추지 않는다. 굴업도는 탁월한 랜드마크를 가지고 있다. 섬의 남서쪽으로 좁고 길게 뻗어 난 개머리언덕이라 부르는 지형으로 초지와 바다 너머로 막힘없이 펼쳐지는 낙조가 일품이다. 1920년대 굴업도는 민어 파시가 있었을 만큼 근해어업이 활발하게 이뤄졌던 섬이다. 90년대까지 고기잡이, 땅콩재배, 목축 등으로 버텨오던 두 개의 마을 중 하나는 모래톱에 반쯤 지워진 흔적으로 묻혔다. 백패커들 외에도 일반 여행객들이 섬을 찾아 편안한 여정을 즐길 수 있는 까닭은 하나 남은 마을 때문이다. 얼마 남지 않은 가옥들은 민박을 운영하며 그들에게 잠자리와 식사를 제공한다. 배 시간이 되면 1톤 트럭이나 승합차가 선착장에 나가 내 손님, 네 손님, 가릴 것 없이 마을로 태워 온다. 마을 앞에는 넓은 백사장과 평탄한 수심 그리고 울창한 송림을 자랑하는 해변이 펼쳐져 있다. 마을을 기점으로 각자의 아웃팅 방식에 따라 본격적인 여행이 시작된다. 일반 여행객들은 홀가분한 차림으로, 백패커들은 무거운 배낭을 지고 개머리언덕을 향해 걷는다. 백패커들은 그곳에 남고 여행객들은 금빛 해넘이를 두 눈과 카메라에 담고 다시 마을로 돌아온다.

선착장에서 바라보면 우측으로 연평산과 덕물산이란 이름의 모래 산봉우리가 솟아있고 그곳까지 목기미해변이 바다를 가르고 이어져 있다. 연평산 주변 해안으로는 거대한 코끼리 바위와 해안사구가 버티고 섰다. 사빈, 사주, 사구 등 다양한 모래 지형이 한데 모여있는가 하면 절묘한 해식애가 모습을 뽐낸다. 모두가 바람과 파도가 만들어낸 자연의 작품이다.

굴업도는 사슴의 천국이다. 붉은모래해변을 열을 지어 달음박질하는가 하면, 개머리언덕 길갱이밭 사이에서 불쑥 얼굴을 내밀기도 한다. 과거 주민들이 소득을 올리기 위해 방목했던 사슴들은 시간이 지나며 환경에 의해 야생화되었고 그 개체 수만도 현재 200마리에 달한다. 사슴은 굴업도를 익스트림한 이미지로 바꾸는 데는 적지 않은 공헌을 했지만 섬 전역의 식물들을 닥치는 대로 먹어치우는 바람에 계륵과 같은 존재가 되었다.

굴업도 면적의 대부분은 대기업의 소유지만 환경단체와 주민의 일부가 개발에 반대하고 있다. 그런데도 한 해 1만 명이 넘는 사람들이 굴업도를 찾는다. 향후 어떻게 변화될지 예측할 수 없는 섬, 굴업도, 일단 마음에 두었으면 닥치고 떠나볼 일이다.

일몰

TRAFFIC

여객선

인천항에서 직항노선은 없으며 덕적도에서 배를 갈아타야 한다. 인천항에서 아침 08:30, 09:10 여객선을 타야 당일 환승이 가능하다.

인천항연안여객터미널 → 덕적도
- 하루 3회 운항 | 쾌속선 1시간 10분, 차도선 1시간 50분 소요

덕적도 → 굴업도
- 하루 1회 운항, 11:20 출항
- 홀숫날 1시간, 짝숫날 2시간 소요
- 홀숫날 노선 : 덕적도-문갑도-굴업도-백아도-울도-지도-문갑도-덕적도
- 짝숫날 노선 : 덕적도-문갑도-지도-울도-백아도-굴업도-문갑도-덕적도

PHOTO SPOTS

개머리언덕

해 저무는 개머리언덕에 알록달록 텐트들이 놓인 광경, 굴업도를 찾은 이들이 꿈꾸는 광경이다. 촬영을 위해서는 100m 정도 위로 올라가 언덕이 오롯하게 내려다보이는 지점에서 촬영하는 것이 좋다. 가을날 길갱이가 황금빛으로 물결치는 모습도 이곳에서 담을 수 있는 귀한 샷이다.

사슴

어디선가 예고 없이 나타나는 사슴 떼도 굴업도에서만 볼 수 있는 희귀한 장면이다. 촬영을 위해서는 상시 준비하고 있어야 한다. 특히 붉은모래해변은 여러 마리의 사슴들이 무리 지어 달리는 모습을 간혹 볼 수 있는 장소다.

개머리언덕

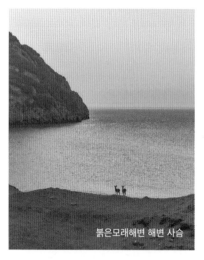
붉은모래해변 해변 사슴

선단여

PLACE TO VISIT

코끼리바위
연평산 아래 해안, 해식애가 시작되는 위치에 있다. 높이 5m의 거대한 몸집을 가지고 있으며 좌측에서 바라보면 코와 하나의 다리로 몸체를 지탱하는 맘모스의 모습과 흡사하다. 썰물 때 온전한 모습을 볼 수 있다.

목기미연못
붉은모래해변으로 넘어가기 전, 해안사구습지 지형의 움푹 팬 분지를 '목기미 연못'이라 부른다. 이곳은 비가 많이 내리면 물이 고여 연못을 이루는데 각종 물벌레와 미꾸라지 등이 서식하는 독특한 생태계를 이루고 있다.

굴업도해수욕장
길이 800m, 폭 50m의 해변으로 모래가 곱고 완만하며 남향의 바다가 이국적인 정취를 자아낸다. 화장실과 개수대를 주민들이 깨끗하게 관리하고 있고 또 소나무 숲의 그늘이 좋아 더운 계절에는 물놀이와 시원한 캠핑을 즐길 수 있는 안성맞춤의 장소다.

선단여 (전설)
여객선이 백아도를 지나 굴업도로 향할 무렵, 바다 위로 솟아있는 3개의 돌기둥을 만날 수 있다. 전설에 따르면 백아도에는 부모를 여읜 어린 남매가 살고 있었는데 어느 날 마귀할멈이 나타나 여동생을 데리고 사라졌다. 그 후 성인이 된 오빠가 외딴 섬에서 아름다운 여인을 만나 사랑에 빠지게 된다. 하지만 그 여인은 어릴 적 헤어졌던 여동생이었다. 하늘이 안타깝게 여기고 선녀를 보내 둘의 사이가 남매임을 알리나 둘은 떨어질 것을 거부했다. 이에 노한 하늘이 벼락을 내려 남매와 마귀할멈을 죽였고 그곳에서 3개의 돌기둥이 솟아났다고 한다.

트레킹

민박하는 경우에는 첫날, 개머리언덕을 둘째 날 아침에 연평산과 덕물산을 트레킹하면 된다. 하지만 개머리언덕에서 캠핑을 하는 경우라면 둘째 날 아침 철수시간을 고려해야 하므로 제대로 된 트레킹이 어렵다. 2박 3일의 여유 있는 일정으로 여행하거나 구간을 나누고 다시 한번 섬을 찾아 걷는 것이 바람직하다.

캠핑

굴업도해수욕장 우측 끝 지점을 들머리로 하여 개머리언덕은 약 1.5km 지점에 있다.
초입과 중간, 두 지점에 능선으로 오르는 경사로가 있지만 대체로 완만하게 코스가 이어진다. 오지의 특성상 음식과 식수를 준비해야 하며 출발 전 용변을 미리 봐두어야 급한 상황을 방지할 수 있다. 이외 해수욕장과 연평산 주변에서도 캠핑이 가능하다.

STAY

굴업도 여행은 캠핑 아니면 민박이지만 하루 캠핑, 하루 민박도 좋다. 특히 더운 여름 개머리언덕에는 그늘이 없다. 이 때문에 송림이 울창한 굴업도 해수욕장과 쾌적한 민박들이 인기가 있다. 현재 7곳의 민박, 펜션이 운영 중이다.

FOOD

굴업도 민박의 섬 밥상은 여행자들 사이에 맛있기로 유명하다. 매운탕을 중심으로 게장, 해초무침, 나물 등이 정성스레 버무려져 상에 오른다. 모자란 밥과 반찬도 추가 비용 없이 더 먹을 수 있으니 넉넉한 인심 또한 굴업도 밥상의 자랑이다. 백패커들도 미리 주문하면 식사를 제공받을 수 있으며 야영에 필요한 생수와 주류도 구입할 수 있다.

민박 섬밥상

사구

굴업도 해수욕장

주요 기관 & 여행 안내

- 굴업도 홈페이지 (굴업도, www.gulupdo.com)

교통

- 고려고속훼리 (www.kefship.com | 1577-2891)

민박

- 굴업 민박 (서인수 전 이장 032-832-7100, 010-3715-3777)
- 고씨네민박 (032-832-2820)
- 정현민박 (0507-1416-2554)
- 숙이네펜션 (gulupdo.modoo.at | 0507-1436-3848, 010-4099-3848)
- 장할머니민박 (031-831-7833, 010-9128-0838)

목기미해변

011 자월도

마땅하지 않을 때 가장 마땅한 대안

마바위

진모래해변

변낭금해변

별난금해변

자월도

팔선녀

가늠골삼거리

국사봉

목섬

하늬께해변

어릿골해수욕장

큰말해변

장골해변

독바위

달바위선착장

갑진모래해변

자월도는 자월면의 대장 섬이다. 대이작도, 소이작도, 승봉도, 사승봉도 등 이름만 들어도 고개가 끄덕여지는 여행 명소들이 자월면 소속이다. 자월도는 덕적도 크기에 1/3 정도이지만, 주말이면 많은 여행객이 찾아 머물고 가는 명실공히 휴양 섬이다. 대부도 방아머리에서 출발하는 페리호의 최종 목적지는 덕적도지만 자월도에 멈추어 서면 정확히 객실의 반이 비워진다. 섬은 그만큼 단단한 관광 인프라를 갖추고 있다. 배 시간에 맞춰 공영버스와 펜션의 픽업 차량이 대기하는가 하면 1km만 걸어가도 캠핑 스폿으로 유명한 장골해변이 백사장을 활짝 펼쳐놓고 반긴다. 물이 빠지면 훤하게 드러나는 갯벌에서는 굴, 바지락, 낙지 등을 노려볼 수 있다. 자월도에는 크고 작은 해변만 무려 11개에 달한다. 오염 없는 1등급 수질에다 생태환경의 건강성과 청정도에서도 우수한 평가를 받았다.

20km에 달하는 섬 둘레는 아우팅을 하기에 적당한 길이다. 대부분이 높이 100m 안팎의 구릉으로 이루어져 있어 걷기에 좋고, 페달을 밟는 재미도 쏠쏠하다. 섬에서 가장 높은 국사봉(166m)까지 4km의 산길 양쪽으로는 수령 30년의 벚나무 600그루가 식재되어있다, 육지의 벚꽃이 시들어갈 때 즈음(4월 말~5월 초) 비로소 섬에서는 그 화사함이 절정을 이룬다.

섬은 지나치게 크거나 작지 않을 때 오히려 매력적이다. 자월도는 1박 2일의 여정을 알차게 채울 수 있는 섬이다. 마땅히 떠오르는 섬이 없을 땐 일단은 자월도다.

선착장

🚢 TRAFFIC

여객선
인천항연안여객터미널 → 자월도 달바위선착장
- 하루 3회 운항 ┃ 쾌속선 40분, 차도선 1시간 20분 소요

대부도방아머리선착장 → 자월도 달바위선착장
- 하루 1회 운항 ┃ 55분 소요
- 주말 및 휴가철 증편, 주말 10% 할증

※ 옹진군 여객운임 50% 지원: '가보고싶은섬' 홈페이지에서 예약 (백령도편 참조)

자월도 내 공영버스
- 달바위선착장 출발
- 하루 9회 운행(09:30, 10:00, 10:30, 13:45, 14:20, 14:45, 15:20, 16:20, 17:20)

📷 PHOTO SPOTS

장골해변 일몰
장골해변의 맨 우측 독바위 앞에는 헬기장이 있다. 헬기장 앞의 작은 백사장은 정확히 서쪽을 향해있어 소야도와 덕적도를 배경으로 멋진 해넘이 장면을 담을 수 있다.

떡바위
자월도 북동쪽에 있는 숨겨진 비경이다. 어류골 해변 우측의 떡바위 이정표에서 산길로 20분 정도 걸어 들어가야 한다. 떡바위의 암석 표면에서는 둥글고 깊게 팬 나마(gnamma)와 밭고랑처럼 길게 패인 그루브(groove) 등을 볼 수 있다. 또한, 이끼나 파래가 바위를 덮고 있는 모습이 아름다워 자월도의 대표적 출사지로 꼽힌다.

장골해변 일몰

📷 PLACE TO VISIT

장골해변
자월도 최고의 명소다. 길이 1km, 너비 400m의 백사장이 초승달 모양으로 펼쳐져 있다. 수심이 낮고 완만한 경사를 이루며 백사장의 모래가 고운 것이 특징이다.

목섬, 안목섬
하늬께 해변의 목섬은 썰물이면 걸어서 들어갈 수 있는 작은 섬으로 또 다른 섬 안목섬과는 구름다리로 연결돼있다. 계절별로 야생화들이 군락을 이루며 피어나 꽃동산을 이룬다.

하늬께
서풍을 뜻하는 하늬바람에서 연유되었다. 마을 앞에는 갯벌이 발달하여 낙지, 소라 등의 해산물을 채취할 수 있다. 또한, 이곳의 갯바위는 자월도의 대표적 낚시터다.

먹통도
목수들이 먹줄을 보관해두는 먹통과 닮은 데서 섬의 이름이 유래되었다. 갈매기들의 서식처이며 무인 등대가 서 있다. 잔모래해변에서 조망할 수 있다.

ACTIVITY

트레킹
(17km | 5시간)

달바위선착장-목섬-국사봉-가늠골삼거리-마바위-진모래해변-변낭금해변-큰말해변-장골해변-달바위선착장

라이딩
(전 구간 25km)

달바위선착장-목섬-장골해변-국사봉-가늠골-진모래해변-별난금해변-다섯물해변-큰말해변

■ 자전거 대여 : 장골슈퍼 (010-8727-6221)

캠핑

캠핑은 주로 화장실 개수대, 샤워장 등이 갖춰진 장골해변에서 이뤄진다. 특히 송림 아래는 그늘이 좋아 더운 계절에는 명당자리로 꼽힌다. 장골해변 뒤편에 편의점과 슈퍼가 있고 또 큰말해변 치안센터 뒤편에 농협하나로마트가 있어 간단한 식자재를 구입할 수 있다.

차량은 선착순으로 선적되기 때문에 미리 선착장에 나와 대기 줄에 세워놓아야 한다. 북적이는 주말과 성수기에는 차량을 동반하지 않는 편이 바람직하다.

독바위

STAY

옹진민박에 등록된 자월도 숙소는 모두 22개, 하지만 자월도에는 펜션만도 50개가 넘는다.

장골해수욕장 주변으로 가장 많고 섬 전역에 고루 분포되어 영업 중이다. 취향과 동선 그리고 체험활동과 식사 제공 여부를 꼼꼼히 살피면 여행의 즐거움이 배로 는다.

FOOD

장골해변과 큰말해변을 중심으로 6~7곳의 식당이 있다. 자월도 식당들은 김치찌개나 순두부찌개로부터 치킨, 조림, 매운탕, 생선회 등 실로 다양한 메뉴를 제공한다. 대부분은 호불호가 갈리지만, 자월도 해변에서 직접 채취한 재료를 사용하는 생굴탕이나 바지락을 베이스로 하는 칼국수는 맛도 있고 양도 많아 좋은 평가를 받는다. 중국집과 카페도 각각 1곳씩 영업 중이다.

📞 REFERENCE SITE & PHONE NUMBER

주요 기관 & 여행 안내
- 자월도 홈페이지 (www.jawoldo.com)
- 자월면사무소 (032-899-3750)

교통
- 대부해운 (www.daebuhw.com)
- 고려고속훼리 (www.kefship.com | 1577-2891)

숙박
- 레드문펜션민박 (www.redmoonpension.com | 010-7697-7606)
- 하나펜션 (peongsuri.com/h/jwdhana | 010-8805-5953)
- 바다향기펜션 (jawolbada.co.kr/m | 010-9705-6968)
- 저녁노을펜션 (www.evening-noeul.com/xe | 010-9098-9998)
- 오크밸리펜션 (blog.naver.com/veryhappiu | 010-7375-9665)
- 로뎀하우스펜션 (rodemh.com | 010-7735-4400)

목섬

장골해변

012

승봉도

당신의 첫 섬으로 추천

남대문바위

승봉도선착장

승봉도

이일레해수욕장

이일레선착장

두부치해변

대이작도

검도

사승봉도

상공경도

남대문바위

승봉도는 인천항에서는 1시간 거리로, 당일치기 혹은 1박 2일 등 계획하기에 따라 얼마든지 유동적으로 여정을 계획해 볼 수 있는 섬이다.

선착장에서 마을까지는 불과 10분 거리에 산이라고 해봐야 93m의 신황봉이 고작이다. 섬 한 바퀴를 다 돌아도 3시간이면 충분하다. 이일레해변은 섬의 대표적인 관광 스폿이다. 여름휴가철에는 많은 피서객이 몰려들어 번잡하지만, 그 밖의 계절에는 넓은 모래사장과 맑은 바다가 텅하니 비워진다. 그러다 보니 털썩 주저앉아 사색하기에 그만이다. 단출한 형식이라면 캠핑도 좋다. 이일레해변의 정서는 평화로움이다. 해변에서 수평선 전면을 바라보면 고즈넉하게 떠 있는 섬 하나를 발견하게 된다. 온통 모래로 뒤덮여 '바다의 사막' 혹은 '사도'로도 불리는 무인도 사승봉도다. 최근 TV 예능프로그램을 통해 여러 번 소개된 이후 무인도 특유의 고립감과 온전한 자연을 경험하기 위해 많은 사람이 섬을 찾아 탐방과 캠핑을 즐긴다.

이일레해변 뒤로는 삼림욕장이 들어서 있다. 울창한 소나무 숲 사이를 걷다 보면 산림욕의 효과로 인해 금세 머리가 맑아지는 듯하다. 승봉도에서는 해안지형의 진수를 경험할 수 있다.

해안 산책로를 따라가다 보면 파도가 많이 부딪친다는 부디치해변과 그 끝의 못섬, 가운데가 뻥 뚫린 남대문바위, 장원급제의 전설이 내려오는 부채바위, 이름 그대로의 모습을 가진 촛대바위 등을 만날 수 있다.

승봉도는 여의도 크기의 1/4에 지나지 않는 작은 섬이다. 차량을 동반하기보다는 도보여행이 훨씬 더 어울리는 섬이다.

승봉도 갈매기

🚢 TRAFFIC

여객선

인천항연안여객선터미널 → 승봉도

- 하루 3회 운항 | 쾌속선 1시간 25분, 차도선 1시간 45분 소요

대부도방아머리선착장 → 승봉도

- 하루 1회 운항 | 1시간 25분 소요
- 주말 및 휴가철 증편, 주말 10% 할증

※ 옹진군 여객운임 50% 지원: '가보고싶은섬' 홈페이지에서 예약 (백령도편 참조)

📷 PHOTO SPOTS

이일레해변 해넘이

이일레해변은 승봉도의 반이라 할 만큼 대표적인 스폿이다. 승봉도의 하루는 대이작도 너머로 저문다. 이일레해변에서 볼 수 있는 광경이다. 해변에 머무는 것만으로도 시간의 흐름을 담을 수 있다.

남대문바위

전형적인 씨 아치 남대문바위는 어찌 보면 코끼리의 코를 연상시킨다. 물의 들고 남과 날씨에 따라 사뭇 다른 분위기가 느껴진다. 침식지형의 거친 표면과 바위에 매달려 생명을 유지해 온 소나무들도 바위를 돋보이게 한다.

부디치

파도가 세게 부딪친다는 뜻의 이름이다. 파도에 의해 부서진 갯돌의 잔해와 조개껍데기 그리고 모래가 뒤섞여 해안을 채웠다. 물때에 따라 모래톱으로 이어지는 작은 섬과의 조화도 아름답다.

부디치해변

🖼 PLACE TO VISIT

사승봉도

사승봉도는 승봉도에서 남서쪽으로 약 2km 떨어진 무인도로, 개인 소유의 섬이다. 섬 전체가 모래로 뒤덮여 사도로도 불리며 그 면적은 썰물 때면 더욱 드러난다. 북서쪽의 백사장과 풀밭이 만나는 지점이 가장 캠핑하기 좋으며 섬을 한 바퀴 돌아보는 것만으로도 무인도의 원시적인 정서를 느낄 수 있다. 저녁 무렵의 환상적인 낙조 그리고 밤하늘에 쏟아지는 별빛을 볼 수 있다는 것 또한 사승봉도가 가진 무인도의 매력이다.

상공경도

승봉도 남쪽으로 2.2km 떨어져 있는 섬으로 과거 텅스텐 광산이 있던 무인도다. 백사장으로 이뤄진 해변이 아름답고 폐광의 흔적이 남아있어 최근 카약을 타고 들어가거나 승봉도나 대이작도에서 고깃배를 빌려 입도하는 사람들이 늘어가는 추세다. 해양수산부선정 20121년 5월의 무인도서로 선정되었다.

신황정

신황봉 꼭대기에 있는 정자로 승봉도에서는 가장 높은 위치에 자리하고 있다. 버끈내해변의 모습이 오롯하게 내려다보이고 또 동쪽으로는 전망대가 설치돼있어 시원한 바다 풍경을 조망할 수 있다.

이일레 해변

ACTIVITY

트레킹
(17km | 5시간)

- 승봉도바다둘레길 (2.28km | 50분)
산림욕장입구-당산-목섬입구-해안산책로-촛대
바위
- 승봉도 종주트레킹 (10km | 3시간)
선착장 – 이일레해수욕장 – 당산 – 목섬 – 신황
정 – 포토존 – 촛대바위 – 남대문바위 – 부채바
위 – 선착장

캠핑

사승봉도
사승봉도에서의 캠핑을 위해서는 승봉도선착장
에서 출발하는 도선(낚싯배)을 이용해야한다.
성수기에는 여객선의 입항시간에 맞춰 도선이 대
기하고 있지만, 비수기에는 전화를 걸어 예약해
야 한다. 섬에는 우물이 하나 있고 간이화장실 2
개가 설치돼있다.

- 사승봉도 야영장 (배편섭외)
010-5117-1545 | 1인당 10,000원

- 사승봉도 배편
5인 이상 1인당 왕복 15,000원 | 5인 이하 1인
당 왕복 50,000원

이일레해변
이일레해변은 백패커들이 주로 캠핑을 즐기는 장
소다. 개수대, 화장실 등의 제반 시설에 퍼걸러
뒤로는 솔숲이 펼쳐져 있어 캠핑환경이 좋은 편
이다. 성수기에는 승봉개발위원회에서 야영비를
징수하고 해변을 관리한다. 비수기에는 캠핑을
제한할 수가 있다.

- 야영비(텐트당) : 5.1~6.30까지 10,000원 |
7.1~ 8.31까지 15,000원

승봉힐링캠핑장
섬 자치단체인 승봉개발위원회에서 운영하는 공
식 캠핑장이다. 데크사이트 16면과 3대의 카라
반이 설치돼있다. 샤워장에 온수가 제공되며 사
이트마다 전기를 사용할 수 있다. 단 해변과는 다
소 거리가 있다.

- 카라반 : 평일 80,000원 | 주말 공휴일
120,000원 | 성수기(7~8월) 120,000원
- 텐트대여(데크포함) : 평일, 주말 30,000원

캠핑장 | 산림욕장

촛대바위

STAY

40여 곳이 넘는 민박 펜션이 운영 중이다. 섬 내에는 단독 식당이 없다. 별도의 식재료를 준비하지 않는 경우, 예약 시 식사가 제공되는지 혹은 식당을 겸해 운영하는지를 확인해야 한다.

FOOD

승봉도의 식당은 민박, 펜션에서 같이 운영하거나 성수기와 주말에만 여는 경우가 보편적이다. 마을과 이일레 해변 위쪽으로 슈퍼가 네 곳 있으며 선착장에서 5분 거리에 있는 선창휴게소 (010-7157-4089)가 주중 운영한다.

📞 REFERENCE SITE & PHONE NUMBER

주요 기관 & 여행 안내
- 옹진군청 (032-899-2114)

캠핑 및 숙박
- 승봉 힐링 캠핑장 (seungbongcamp.modoo. at | 010-8981-2350)
- 일도네펜션 (010-7337-8941)
- 푸른언덕 (010-7518-0058)
- 바다가보이는집 (www.seesea.kr | 010-9083-9688)

- 선창펜션 (isunchang.com | 032-831-3983)
- 또오래펜션 (comeagain17.modoo.at | 010-3294-6004)
- 쉼토가 (한옥 | 0507-1415-5124)
- 바다로가는길목 (www.seungbong.com | 032-832-2797)

사승봉도

013

대이작도
최초와 최고를 꿈꾸는 그대에게

대이작도선착장

부아산

대이작도

삼신할미약수터

송이산

작은풀안해수욕장

큰풀안해수욕장

목장불해수욕장

계남해변

도장불 해변

대이작도는 '우리나라 최초'가 많은 섬이다. 가장 커다란 풀등, 최고령 암석, 최초의 약수터가 모두 섬 안에 있다. 게다가 2020년 말에는 우리나라 섬 최초로 지하수 저류지가 설치되어 물 걱정을 없앴다. 밀물 때는 사라졌다가 물이 빠지면 모습을 드러나는 풀등은 일명 '풀치'라고도 불리는데 면적이 무려 47만 평에 달하는 거대한 모래섬이다. 수많은 해양생물의 서식지로 알려진 풀등은 해양생태계보전지역으로 지정돼있다. 단단하고 입자가 고운 모래는 신발에 잘 묻어나지 않아 걷기에 적당하고 조개나 바지락 등을 잡거나 일광욕을 즐기기에도 좋다. 대이작도는 도보로 충분히 돌아볼 수 있다. 높이는 159m에 불과하지만, 부아산은 많은 힘을 들이지 않고도 주변의 섬과 바다를 누릴 수 있는 시원한 전망을 뒀다. 전망쉼터와 봉화터 그리고 현수교가 설치되어있으며 정상까지는 도로가 이어져 차량으로도 접근도 가능하다.

섬에는 네 곳의 모래 해변이 있다. 그중에서 작은풀안해변은 섬 여행의 베이스캠프 역할을 톡톡히 한다. 주변에 펜션과 민박이 많고 야영장도 들어서 있다. 풀등으로 가는 배 역시 이곳에서 출발한다. 또한, 해변의 동쪽 끝으로는 데크 산책로가 이어지는데 25억 년 전의 암석을 눈으로 확인할 수 있다.

풀등

🚢 TRAFFIC

여객선

인천항연안여객선터미널 → 대이작도
- 하루 3회 운항 | 쾌속선 1시간 25분 | 차도선
  1시간 45분 소요

대부도방아머리선착장 → 대이작도
- 하루 1회 운항 | 1시간 25분 소요
- 주말 및 휴가철 증편, 주말 10% 할증

※ 옹진군 여객운임 50% 지원: '가보고싶은섬'
  홈페이지에서 예약 (백령도편 참조)

부아산 구름다리

📷 PHOTO SPOTS

풀등

풀등은 섬의 곳곳에서 그 모습이 보인다. 썰물 때면 최장 6시간 모습을 드러내는데 직접 배를 타고 들어가 하늘과 바다를 배경으로 모래섬 위에서 노니는 사람들을 낮은 앵글로 촬영하면 멋진 사진을 얻을 수 있다. 부아산 정상에서는 드론이 없어도 풀등의 오롯한 모습을 담을 수 있다.

부아산 정상

부아산 정상은 대이작도를 찾은 여행객이라면 꼭 한번 올라가기를 추천한다. 정상으로 가는 탐방로도 지루하지 않고 정상에 서면 사방으로 주변 섬과 바다의 모습이 근사하게 조망되기 때문이다. 특히 표지석과 전망대에서 바라보면 선착장을 중심으로 소이작도가 감싸 안은 바다가 하트를 그린다.

도장불

선착장 좌측으로 이어진 데크길을 따라가면 작은 해변이 나타나는데 도장불이라 부른다. 과거 도축장이 있었던 장소로 이름도 그에 유래되었다. 봄이면 바다를 향해 흐드러지게 피어난 벚꽃이 아름답고 건너편 소이작도 그리고 여객선과 어우러진 풍광이 매우 수려하다.

오형제바위

선착장에서 큰길을 따라가다 보면 750m 지점에 이정표가 있다. 좌측 데크길로 해안을 거슬러가면 바다 위로 날카롭게 솟은 바위를 발견하게 된다. 뱃일을 나간 부모를 기다리다 형제 모두 망부석이 되었다는 오형제바위다. 파란 바다와 어우러진 바위의 거친 모습이 묘하게 어울리는 이대작도의 첫 스폿이다.

계남해변

대이작도 남동쪽 끝점에 있는 계남해변은 일명 떼너머해변으로도 불린다. 선착장에서 가장 먼 곳에 있어 상대적으로 한적하고 오붓하게 가족 여행을 즐길 수 있는 곳이다. 이곳은 1967년 개봉된 영화 '섬마을 선생님'의 촬영지이며 바다를 가운데 두고 사승봉도를 마주하고 있다.

큰풀안해변

백사장이 넓고 조수간만의 차가 심하지 않아 여름 피서객들에게 인기 있는 해변이다. 풀등 안쪽에 있다고 해서 큰풀안으로 불리며 수온이 높아 다른 섬의 해수욕장보다 개장 기간이 길다.

25억 년 암석

대이작도 작은풀안 데크길 옆에는 25억 년 전의 최고령 암석 지대가 있다. 지하 15~20km에서 열에 의해 녹아 만들어진 혼성암으로 한반도에서 발견된 암석 중 가장 오래된 것이다.

삼신할미약수터

고려 시대 말목장이었던 이작도에 사람이 처음 들어온 것은 임진왜란 즈음으로 추정된다. 삼신할미약수터는 이미 그때부터 섬사람들이 소원을 빌고 병을 고치는 정화수로 사용했다. 또한, 아기를 점지하고 산모와 태아의 건강을 지켜주는 생명수로 인식되었다.

삼신할매약수터

해안산책로

오형제바위

ACTIVITY

트레킹

남녀노소 무리가 없고 대이작도의 기본 스폿들을
두루 거쳐 가는 기본코스로 '선착장에서 큰풀안'
까지 이어지는 길을 추천한다.

추천 코스
선착장-오형제바위.부아산정상.삼신할매약수
터-생태해양관.작은풀안-큰풀안

부아산 숲길 (3.33km | 65분 | 옹진숲길 10선)
선착장등산로입구-부아산-주차장-송이산-큰풀안

생태탐방로
- 1코스 : 부아산 구름다리 갯티길 (3.5km | 1시
  간 30분)
  선착장-댓골부리-이별모퉁이-부아산-삼신할
  매약수터
- 2코스 : 섬마을 가는 갯티길 (4km | 1시간 40분)
  생태센터-작은풀안-큰풀안-목장불해변-띄넘
  어해변-계남분교
- 3코스 : 송이산 둘레 갯티길 (3.3km | 1시간
  20분)
  잔승공원-마성-장골습지-장골부리-알미-송
  이산
- 4코스 : 최고령 암석 갯티길 (2.5km | 1시간)
  장골고개-큰마을-둘얼래-최고령암석-도장
  불-이작성당

캠핑

작은풀안해변이 가장 인기가 있다. 화장실과 샤
워장 그리고 개수대가 설치되어 사계절 캠핑을
즐기기에 적당하다. 단 더운 계절에는 그늘이 부
족하니 타프는 필수다. 마을청년회에서 관리하고
요금을 징수한다. 1~2인의 경우 1만 원, 4인 가
족 기준으로 2만 원을 받는다. 큰풀안해변과 계
남해변은 캠핑환경이 비교적 떨어진다. 대이작도
는 규모 있는 마트나 편의점이 없다. 선착장 부근
에 이레슈퍼식당(032-832-0519) 그리고 작은
풀안 입구의 풀등펜션 부근에 작은 매점이 고작
이다. 섬으로 들어오기 전 식재료는 반드시 준비
해야 한다.

라이딩
(왕복 10.6km | 1시간 30분)
라이딩 구간은 짧은 편이다. 하지만 5형제 바위
와 부아산 그리고 송이산 트레킹을 겸한다면
더욱 알찬 아우팅을 만들어갈 수 있다.
- 선착장-생태해양관-작은풀안해변-풀등펜
  션-큰풀안해변-생태해양관사거리-목장불해
  변-계남해변

작은 풀안 | 해양생태관

STAY

20개 안팎의 민박과 펜션이 있다. 선착장과 가까운 이작1리, 작은풀안 그리고 계남분교 주변으로 분포돼있다. 대이작도에서는 체험활동과 풀등 탐방에 이점이 있는 숙소가 유리하다.

FOOD

이레식당슈퍼 한 곳 정도가 펜션을 겸해 식당을 운영한다. 그 외는 민박이나 펜션을 이용해야 식사를 할 수 있다. 펜션 이용객도 여객선을 타기 전 미리 식자재를 비롯하여 음료수 주류 등을 구입해 들어가야 여행이 편하다. 성수기에는 큰풀안, 작은풀안 주변으로 간이 횟집이 생겨나기도 한다.

REFERENCE SITE & PHONE NUMBER

주요 기관 & 여행 안내
- 대이작도 (www.myijakdo.com)
- 풀등섬대이작도 (www.daeijakdo.kr)

여행사
- 풀등레저 (010-9019-1224)

음식 및 숙박
- 테라스의 아침 (morningterrace.kr | 010-9135-1105)
- 풀등펜션 (이작도펜션.kr | 032-834-6161)

- 힐링뷰펜션 (010-4724-4660 | 풀등운항 선장 010-9196-6667)
- 아라펜션 (www.arapension.co.kr | 010-4512-1163)
- 팽나무집 (blog.naver.com/kmj23460 | 010-8926-6846)
- 이레식당슈퍼 (펜션, 식당 | 032-832-0519)
- 쉼토가 (한옥 | 0507-1415-5124)
- 바다로가는길목 (www.seungbong.com | 032-832-2797)

선착장과 소이작도

014

풍도
야생화 좋아하세요?

등대

선착장

은행나무(약수터)

풍도항

풍도

북배

북배 일몰

풍도는 거리상으로는 당진군 석문면에 가깝지만, 행정구역은 인근의 육도와 함께 안산시 단원구에 속한 섬이다. 인천항에서 대부도 방아머리를 거쳐 풍도로 가는 여객선은 하루 한 차례만 운항한다. 따라서 풍도는 당일로는 다녀올 수 없는 섬이다. 하지만 풍도는 1박 2일 여정을 충분히 채울 만큼 넉넉한 여행 인프라를 가지고 있다. 봄이면 마을 뒤편 후망산(177m)에 풍도바람꽃, 개복수초, 노루귀, 풍도대극 등 일반인들에게는 이름도 생소한 꽃들이 피어나 군락을 이룬다. 이 시기에 섬은 가장 북적이며 카메라를 들고 있는 여행객도 흔히 볼 수 있다. 마을은 선착장 앞 산자락을 따라 비스듬히 자리하고 있다. 마을 중턱에 서 있는 두 그루의 은행나무는 어수거목이라 불리는 섬의 수호신이다. 이괄의 난을 피해 공주로 파천하던 인조가 풍도에 들렀을 때 심었다고 전해진다. 은행나무 밑동의 샘은 근처의 수맥이 모여 만들어진 것이다. 가물어도 마르지 않을 만큼 수량이 풍부해 최근까지 식수로 사용되었다.

'북배'는 풍도 서쪽 해안의 암석 지형을 말하는 것으로 붉은 바위를 뜻하는 '붉바위'에서 유래됐다. 거칠게 뻗어난 붉은 절벽 위로는 대여섯 동의 알파인텐트가 들어갈 정도의 초지가 형성돼있다. 백패커들은 굴업도의 '개머리언덕'을 닮았다고 해서 이곳을 '작은개머리언덕'이라고 도 부른다. '북배딴목'이라 부르는 돌 섬에는 등대가 세워져 있다. 썰물 때에는 홀로 바다 위에 떠 있다가 밀물이 되면 모섬과 하나가 되는데 이들이 만들어내는 풍경은 야생화에 비견될 만큼 아름답다. 풍도에는 모래사장이 없다. 유일하게 해수욕이 가능한 해변도 자갈로 이루어져 있다. 따라서 여름철에도 피서객이 많이 몰리는 편이 아니다. 그래서 오히려 여유로운 바다, 넉넉한 숙박시설, 정성스러운 밥상, 풍도에서의 1박 2일이 알차지 않을 이유는 없다.

북배 딴목

TRAFFIC

여객선

인천항연안여객선터미널 → 풍도
- 하루 1회, 09:30 출항 | 2시간 35분 소요

대부도방아머리선착장 → 풍도
- 하루 1회, 10:30 출항 | 1시간 35분 소요
※ 홀수일 풍도 도착 : 12시 30분, 짝수일 풍도
  도착 : 12시(홀수일은 육도 → 풍도, 짝수일은
  풍도 → 육도 순서로 도착)

 PLACE TO VISIT

은행나무

은행나무 바로 옆에 정자가 있는 까닭은 그곳에
서의 전망이 수려하기 때문이다. 이곳에서는 마
을과 방파제로 둘러싸인 풍도항이 한눈에 들어
온다. 이른 아침 조업을 나가는 고깃배와 어우러
진 일출샷도 기대해봄 직하다.

 ACTIVITY

 캠핑

캠핑은 딜레마다. 백패커들의 입도에 별도의 제
한은 없지만 섬 주민들은 북배에서의 캠핑을 환
영하지 않는다. 화재의 위험이 있는 건조한 초지
에서의 취사와 쓰레기 문제 때문이다.

 PHOTO SPOTS

야생화단지

풍도는 우리나라 야생화 명소 100곳 중 하나다.
3월이면 후망산 기슭에 야생화가 지천으로 피기
시작한다. 카메라를 들고 이곳을 찾는 사람은 대
부분 야생화에 일가견이 있다. 그 때문에 꽃 이름
을 몰라도 누군가 알려준다. 풍도의 봄은 꽃 사진
을 찍으며 그 이름을 익힐 수 있는 절호의 기회다.

북배

북배는 정확히 서쪽 바다를 향해 뻗어있다. 수평
선 위의 섬은 덕적면의 커다란 무인도인 선갑도
다. 넓은 하늘을 물들이며 선갑도 위로 떨어지는
하루해는 유난히 아름답다. 북배가 일몰 출사지로
알려진 까닭이다. 썰물과 밀물 때마다 모습을 달
리하는 북배딴목도 눈여겨봐야 할 촬영 포인트다.

STAY

일반적인 펜션과 민박의 가격은 2인방 1박에
60,000원, 1식 10,000원으로 여느 섬과 비슷하
다. 마을에서 운영하는 풍도어촌체험마을의 경우
5인방 1박에 100,000원, 1식 10,000원이며 시
설이 깨끗한 데다 현대식이며 방이 크다.

FOOD

섬 대부분의 민박이 밥을 한다. 예약하면 숙박하
지 않아도 밥을 먹을 수 있다. 현지에서 나는 재
료에 손맛이 더해진 백반이라 반찬의 가짓수도
많고 맛도 좋다.

- 풍도맛집민박 : 간자미찜/병어구이/아귀매운
  탕 (생방송오늘저녁 1354회)

선착장 | 몽돌해변

주요 기관 & 여행 안내

- 안산시 관광과 (031-481-3409)
- 풍도어촌체험마을 (www.풍도어촌체험마을.kr | 고재형사무장 010-8811-6974, 032-858-3317)
- 민영일 풍도통장 (010-3301-0033)
- 최상민어촌계장 (010-3695-5308)

음식 및 숙박

- 풍도맛집민박 (pungdo.modoo.at | 010-6341-4139)
- 바위펜션 (032-834-1330)
- 풍어민박 (010-7309-9525)
- 기동이네민박 (032-833-1208)
- 풍도민박 (032-831-7637)
- 풍도랜드 (032-831-0596)
- 하나민박 (032-831-7634)
- 난지호민박 (032-832-7628)

야생화

은행나무

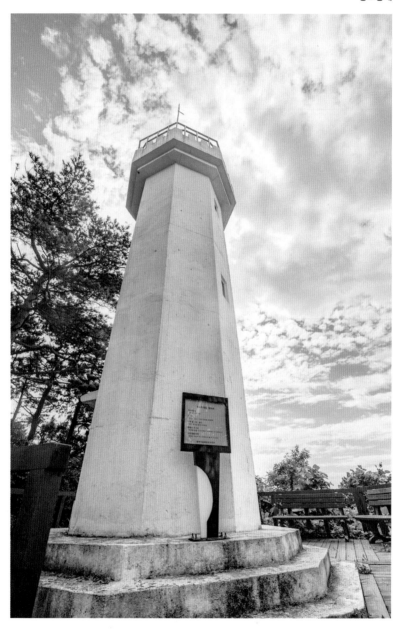

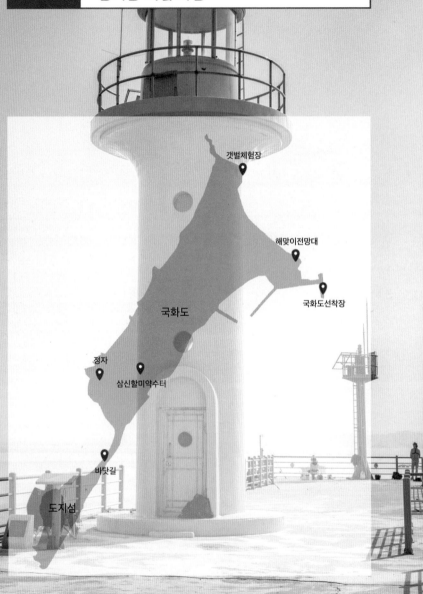

국화도

갯벌체험장

해맞이전망대

국화도선착장

정자

삼신할미약수터

바닷길

도지섬

선착장 등대

섬이 낯설고 조금은 다른 세상이란 선입견을 품은 사람들에게는 국화도가 딱이다. 국화도까지는 당진 장고항에서는 불과 10여 분, 화성시 궁평항에서는 40분이 소요된다. 일단 접근이 쉽고 면적이 크지 않아 부담이 없다. 섬 둘레 또한 2.7km에 불과해 당일로 다녀와도 좋다.

아이들에게는 배를 타고 바다를 건너는 일조차 어쩌면 신기하고 새로운 경험이다. 게다가 사방이 바다로 둘러싸인 섬은 육지와는 또 다른 세상이다. 하지만 국화도는 존재로 만족하기에 가진 것이 너무 많은 섬이다. 밀물 때는 영락없는 무인도지만, 썰물이면 갯돌과 모래톱을 드러내고 본 섬과 하나가 되는 매박섬, 그리고 사주로 연결된 도지섬이 걸음을 멈추게 한다. 육지에서는 결코 접하기 힘든 섬 지형의 백미다. 게다가 해변에 주저앉아 갯돌이라도 뒤집기 시작하면 시간의 흐름은 까맣게 잊히기 십상이다.

주민들은 다양한 체험활동을 준비하고 있다. 건강망 체험, 조개잡이, 좌대 낚시 등 그 종류도 다양하다. 트레킹 코스라고 해봐야 선착장을 출발 매박섬 끝까지 그리고 본섬의 능선을 타고 내려와 도지섬을 돌아 나오는 것이 전부지만, 아기자기한 데다 어려운 구간이 없어 가족이 함께 오순도순 걷기에 적당하다. 섬은 다수의 펜션과 민박 그리고 식당을 갖추고 있다. 성수기와 주말에는 현장에서 방을 잡기가 어려우니 필요하다면 사전에 예약해야 한다. 국화도는 육지와 인접한 섬치고는 바닷물이 맑고 깨끗하다. 그것은 뻘이 아닌 모래와 갯돌이 해안을 이루고 있기 때문이다. 과거에는 꽤 많은 백패커들이 섬을 찾아 캠핑을 즐겼다. 그러나 현재는 섬 전체에서 캠핑이 금지돼있다. 특히 국화도의 자산 매박섬의 꾸밈없는 자연을 보호하려는 주민들의 고육책이다.

국화도는 해양수산부가 주관하는 '2020년 어촌뉴딜 300 공모사업'에 선정되었다. 총 138억원을 투입하여 둘레길 정비, 여객선 접안시설 및 선양장 보수, 어항시설 정비를 하였고 국화 놀이터, 귀어귀촌센터를 조성 중이다.

자연에서의 놀 거리로 따진다면 섬만 한 곳이 없다. 섬은 먼 곳에도 있지만, 우리 주변에 얼마든지 있다.

매박섬

TRAFFIC

여객선

화성시 궁평항 → 국화도 (서해도선)
- 성수기 주말 하루 4회, 비수기 주말 하루 3회 운항 | 40분 소요

당진시 장고항 → 국화도 (국화훼리)
- 하계 하루 7회, 동계 하루 5회 운항 | 10분 소요

전곡항 → 국화도 (국화훼리 1호)
- 금, 토, 일 2회 운항 | 1시간 30분 소요

##

##

바지락 캐기 | 산책길

📷 PHOTO SPOTS

갯벌체험장 쉼터

본섬과 매박섬 사이의 해변은 갯벌체험장으로 활용된다. 갯벌의 시작점인 체험장 매표소 뒤편에는 넓은 데크 위에 테이블 서너 개가 가지런히 놓인 쉼터가 있다. 이곳은 동서 방향이 시원하게 트여있어 일출과 일몰이 한 자리에서 조망된다. 이밖에도 작은 섬 국화도는 곳곳에 일출 일몰 포인트가 있으니 이른 아침이나 해질녘의 산책길에서 기대해 봄 직하다.

매박섬(토끼섬)

물이 빠지고 매박섬이 연결되면 주민들과 여행객들은 누구 없이 호미를 들고 갯벌로 나온다. S자로 이어진 갯벌 끝의 섬 하나가 엣지스럽다. 또한, 평화롭게 조개나 바지락을 캐는 사람들의 모습도 정겹다. 바다 위의 고기잡이 어선, 매박섬의 조개더미 언덕과 무인 등대도 멋진 촬영 포인트다.

ACTIVITY

캠핑

섬 전체에서 캠핑을 금지하고 있으나 해수욕장과 매박섬(토끼섬) 등에서 타프, 그늘막 등으로 데이캠핑(피크닉)은 가능하다. 밀물 때는 고립될 수 있으니 물때를 잘 살펴야 한다.

체험활동

- 갯벌체험 : 대인, 4,000원 | 소인 5,000원
- 좌대낚시 : 대인 20,000원 | 소인 10,000원
- 건강망체험 : 1망당 200,000원
- 낚싯배 대여 : 8~10인급 | 하루 50만 원, 기본 3시간 30만 원

배낚시

- 바다호 (010-5240-3020)
- 삼광호 (010-5216-0312)
- 국화호 (010-5438-7318)

⌂ STAY

평일, 성수기, 여름 피서철에 따라 방값에 차이가
있다. 비수기 주말은 5인 기준 130,000원, 성수
기는 180,000원이다. 예약을 필수며 방값과 부
대 비용 또한 미리 비교해 알아보는 것이 좋다.
섬 내에 슈퍼와 식당이 있지만, 미리 음식을 준비
해서 입도해야 비용을 절약할 수 있다.

⑂ FOOD

성수기와 주말에는 대부분의 식당이 문을 열지
만, 비수기 주중에는 대부분 문을 닫고 국화식당
을 포함 한두 집만이 영업한다. 활어회가 주메뉴
인 국화식당은 자연산 우럭을 사용하는 회덮밥이
매우 맛있다. 칼국수는 국화도의 식당이라면 후
회 없이 먹을 수 있는 메뉴다.
국화도의 바지락이나 조개 그리고 굴은 속이 알
차고 맛있기로 유명하다. 체험활동으로 잡은 식
재료를 직접 요리해 먹는 것도 좋은 방법이다.

국화식당 회덮밥

☎ REFERENCE SITE & PHONE NUMBER

주요 기관 & 여행 안내
- 국화리어촌체험마을 (www.국화리어촌체험마
  을.kr | 010-3352-0488)
- 화성시티투어 (tour.hscity.go.kr/citytour |
  031-366-7110)

교통
- 서해도선 (www.ippado.co.kr | 010-8274-
  4050)
- 국화훼리 (국화도 | www.국화도.com | 010-
  5433-0405)
- 국화훼리 도선위원회 (010-5216-0312)

음식 및 숙소
- 국화식당 (010-8867-6080)
- 바다식당 (031-357-0748)

- 선장네식당 (010-3099-6074)
- 사계절식당 (031-357-7311)
- 해적선펜션 (haejuksun.modoo.at | 010-
  9161-5684)
- 국화도 바다펜션 (kukhwado.com | 010-
  8800-8025)
- 명가사계절휴양지 (gookwhado.modoo.at |
  010-5438-7318)
- 해오름펜션 (gukhwado.co.kr | 010-9484-
  7517)
- 현대펜션 (hdpension.kr | 010-2277-2285)
- 노을터펜션 (010-4355-6231)
- 펜션 섬마을하우스 (myislet.co.kr | 010-
  5216-0312)
- 하와이펜션 (010-8776-4884)
- 삼양펜션 (samyangps.com | 010-5433-
  0405)

충남

016

대난지도
휴가 가기 딱 좋은 비대면 안심 여행지

대난지도

대난지도 선착장

난지도 해수욕장 용못

단지도 해수욕장 선착장

난지대교

소난지도

대난지도는 섬에 관한 정보나 관심이 부족하던 시절에도 휴가철이면 피서객으로 북적이던 전통의 휴양지다. 육지에서 불과 20분 거리라는 위치상의 이점과 여느 유명 해변과 비교해도 빠지지 않는 길이 700m 폭 50m의 매끈한 해수욕장을 가지고 있기 때문이었다.

대난지도는 마을 하나에 해수욕장 한 곳, 얼핏 보면 관광 인프라가 단순한 섬이다. 하지만 난지도해수욕장의 다재다능함은 해변에 들어서는 순간 확연히 드러난다. '서해 속 동해'라는 별명이 붙을 정도의 맑은 바다와 드넓고 단단한 백사장은 기본이고 근사한 캠핑장과 전망대까지 들어서 있다. 때론 자연낚시터이자 둘레길의 코스가 되기도 하며 화려한 일몰도 한자리에 머무르기만 하면 내 것이 된다. 해변에 늘어선 식당에서 회 한 접시 앞에 놓고 밤을 즐기기에도 제격이다.

2021년 10월에는 소난지도와 대난지도를 잇는 난지대교가 개통됐다. 그리고 2023년 5월부터는 대난지도 선착장이 폐쇄되고 도비도-소난지도-도비도 항로로 여객선이 다니고 있다.

소난지도 선착장에서 대난지도해수욕장까지는 4km 거리다. 차를 가지고 입도한다 해도 그 거리를 오고 갈 때만 좀 더 편안할 따름이다. 반대로 단출하게 준비하고 도보로 이동한다면 훨씬 많이 보고 느끼게 된다. 묵묵히 생업에 열중하는 주민들, 그리고 예나 지금이나 달라진 것이 없는 고풍스러운 마을의 모습도 살필 수 있다.

가족과 함께 걷고 머물기에 정말 좋은 섬 대난지도는 한국관광공사가 선정한 '대한민국 10대 명품섬'으로 꼽히기도 했다.

승선 대기소

도비도항

TRAFFIC

여객선

도비도항 → 소난지도

- 평일 하루 4회, 하절기 주말 및 공휴일 하루 5회 운항 | 15분 소요
- 소난지도에서 도착 시간에 맞춰 대난지도 해수욕장까지 가는 버스를 운행한다.

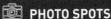 PHOTO SPOTS

해수욕장 일몰

난지도해수욕장은 2015년 해운대해수욕장, 대천해수욕장과 더불어 해수부 주관 우수해수욕장에 꼽힐 정도로 아름다운 풍광을 가졌다. 해 질 무렵이면 붉게 물든 수평선을 오가는 선박들과 바다를 향해 낚싯대를 던지는 강태공들의 모습이 어우러져 황홀한 장면을 만들어낸다.

선상에서 바라본 도비도 풍경

난지도로 향하는 첫배에서 바라본 도비도는 또 다른 섬의 모습을 하고 있다. 배의 꽁무니를 따라오는 갈매기들의 율동은 아침 햇살에 반사되어 더욱 신비스럽다. 또 썰물이 되면 도비도 앞바다엔 작은 풀등이 생겨난다. 그곳에서 바지락을 캐는 주민들의 모습도 보기 드문 광경이다.

PLACE TO VISIT

전망대

해수욕장 북쪽에 자리하고 있는 전망대는 상시 개방되어있다. 이곳에 오르면 길게 뻗은 난지도 해수욕장의 오롯한 모습을 시야 가득 담을 수 있다. 그리고 풍도, 사승봉도, 선갑도 등 우리가 잘 아는 중부 서해의 섬들 또한 시원하게 조망된다.

해수욕장선착장

해수욕장은 전문 조사들도 찾아올 만큼 낚시 명소로 알려져 있다. 특히 해수욕장 남쪽의 선착장 부근은 자리다툼마저 벌어지는 포인트다. 해수욕장 개장 기간에는 하루 한 차례 이곳으로 여객선이 들어온다.

용못

서해의 수호신인 용이 살다 하늘로 승천했다는 전설이 깃든 연못이다. 연못 중앙에 정자가 세워져 가볍게 산책하고 쉬어가기에도 좋다. 7, 8월이면 연못 가득 피어난 가시연꽃을 볼 수 있다.

해수욕장 일몰

🏃 트레킹

당일 여행이라면 종주에 도전해봄 직하지만 여유
가 있다면 코스별로 나눠 걸어도 좋다.
5개의 코스 중 특히 해수욕장 선착장에서 출발, 용
못까지 이어지는 산속길만큼은 꼭 걸어봐야 한다.
길 양편의 키 큰 나무들이 발산하는 피톤치드가
끈적이는 피부와 여행의 피로를 말끔히 씻어 주기
때문이다.

대난지도 종주 (9.8km | 3~4시간)
선착장-도독골산-응개-황새바위-국수봉-수살리
봉-월월봉-망치봉-청소년수련원-해수욕장야외무
대-전망대-해수욕장-해수욕장선착장-난지정-숲
길-바드레산-선착장

대난지도 둘레길 코스
해변길 (3.4km | 60분), 갈대숲길 (1.6km | 30
분), 산속길 (1.6km | 30분), 황금모래길 (1.5km
| 30분), 등산길 (1.7km | 40분)

캠핑

당진항만관광공사에서 직접 운영하는 난지도국
민여가캠핑장은 해변 입구(제1야영장. 전망대 방면
의 제2야영장은 잠정 폐쇄중)에 위치해있다. 사이
트 수는 20개로, 파쇄석이 깔려있으며 주말 및 공
휴일과 성수기에는 요금이 할증된다(성수기 주말
30,000원). 당진해양캠핑공원 홈페이지(camping.
dpto.or.kr)에서 예약이 가능하다.
비수기 평일에는 해수욕장 부근에서 차박을 할
수 있다. 하지만 주말과 7, 8월 성수기에는 주차
를 통제해 자유로운 접근이 어렵다. 선착장과 해
수욕장 내에 소규모의 슈퍼가 있다.

캠핑장

선착장 부근에 3곳, 해수욕장에 10곳의 식당이 운영된다. 평일과 비수기에 영업하지 않는 경우가 있지만, 민박하지 않아도 식사는 큰 문제가 없다. 해수욕장 내의 '민지네식당'이 방문자 평가가 좋다. 주메뉴는 해물바지락칼국수, 생선구이백반.

STAY

섬 내에 10곳이 넘는 펜션과 민박이 있다. 용못 뒤편에 있는 '용못방갈로'에 대해 좋은 평가가 많다. 해수욕장 내의 당진시 청소년수련원은 위탁 운영 단체의 경영난으로 2024년 현재 휴관 중이다.

용못
숲속길 | 전망대

REFERENCE SITE & PHONE NUMBER

주요 기관 & 여행 안내
- 당진항만관광공사 (www.dpto.or.kr | 041-363-9229)
- 난지도관광지관리사무소 (041-352-0844)
- 당진해양캠핑공원 (camping.dpto.or.kr | 041-363-9229)

교통
- 대일해운관광 (www.chungryong.kr | 041-352-6865)

음식 및 숙박
- 용못방갈로 (0507-1403-9645)
- 해변연가민박 (www.펜션해변연가.com | 041-353-3894)
- 꿈의쉼터 (0413543959.modoo.at | 041-352-5979)
- 박가네통나무난지도펜션 (010-3451-3555)
- 통나무펜션로그비치 (www.로그비치.kr | 010-3434-6068)
- 민지네식당 (010-8715-7619)
- 섬사랑 (041-354-4670)
- 만월슈퍼 (041-353-7966)

대난지도해수욕장

전도

선착장

제1조망쉼터

방파제

마을회관

제2조망쉼터

죽도

죽도야영장

발전소

제3조망쉼터

죽도행 여객선은 대하축제로 유명한 남당항 우측의 길게 뻗은 방파제 끝에서 출발한다. 예전에는 승객의 대부분이 낚시꾼이었지만 일반 여행객, 트레커, 백패커 등 다양한 목적을 가진 사람들이 섬으로 들어간다. 남당항에서 죽도까지는 3.7km, 승선 후 10분이면 바로 하선이다.

죽도는 전기를 스스로 공급하면서 탄소를 배출하지 않는 에너지 자립 섬이자 무공해 섬이다. 자동차는 물론 오토바이도 없다.

섬 내에 조성된 트레킹 코스는 섬의 각 방향 끝 동산에 설치된 세 개의 조망 쉼터를 기준으로 이어진다. 길은 때론 마을을 통과하거나 대나무 숲과 해변을 지난다. 어떤 조망 쉼터에서는 부속 섬이 관찰되는가 하면 다른 곳에서는 마을 전체가 시야에 들어온다. 그래서 죽도 둘레길은 정해진 순서 없이 내키는 대로 걸어도 좋다. 죽도 주민의 대부분은 어업에 종사하며 그중 20% 정도가 민박과 식당을 운영하는데, 영어조합법인을 만들어 공동으로 홍보하고 관리한다.

야영장은 섬의 남쪽 해변 앞에 자리하고 있다. 선착장에서도 700m 정도 거리에 불과하다. 야영장 앞에는 '죽도 쉼터'라는 건물이 세워져 있다. 당초 홍보관이란 이름으로 특산물 판매소와 사무실로 쓰이던 것을 매점과 휴게실 등의 용도로 바꾼 것이다. 피크닉장을 제외한 야영장은 세 개의 캠핑데크와 해변 쪽 노지를 활용해 운영하고 있다.

트레커들이나 당일 여행으로 방문한 관광객들도 매점 옆 파라솔 아래에서 커피나 간단한 간식을 즐길 수 있다.

죽도항

해변

TRAFFIC

여객선

남당항 → 죽도

- 하루 5회 운항 | 10분 소요
- 주말, 공휴일 1회 증편

PHOTO SPOTS

야영장 오른쪽 끝 소나무

죽도 야영장에는 휴대폰으로 찍어도 그림이 되는 포토스폿이 있다. 바다를 바라볼 때 가장 오른쪽에 있는 소나무가 그것이다. 그냥 소나무를 찍는 것은 의미가 없다. 바로 옆에 텐트 한 동이 있어야 그림이 된다. 캠퍼들은 그 자리를 선점하고 SNS에 올리기 위해 배에서 내리자마자 뛰기도 한다.

섬마을 정취

해 질 무렵 제2전망쉼터에 오르면 쓸쓸함이 느껴진다. 분주하던 섬마을에 외로움이 엄습해오는 듯하다. 마을 뒤쪽으로 저무는 해가 원인이다. 그래서 이곳에서는 바다를 배경으로 하는 흔한 사진이 아닌 섬 정취가 가득 담긴 분위기 있는 노을 사진을 찍을 수 있다.

PLACE TO VISIT

제1전망쉼터 (옹팡섬 조망대)

선착장에서 가까운 조망 쉼터다. 선착장 끝에서 계단을 올라 신우대 길을 지나면 만해 한용운 선생의 조형물이 나타난다. 옹팡이란 용이 물길을 끈다는 뜻이다. 이곳에선 전도와 낚시공원, 그리고 물때에 따라 죽도와 이어지고 분리되는 무인도들을 관찰할 수 있다.

제2전망쉼터 (동바지 조망대)

동바지란 동쪽 끝을 뜻한다. 상징 인물은 최영 장군이다. 전망쉼터는 울창한 신우대 숲에 둘러싸여 아래에서는 잘 보이지 않는다. 갤러리 전시를 통해 홍성의 인물 그리고 명소들을 소개하고 있다. 죽도리 마을과 포구의 모습이 한눈에 들어온다.

제3전망쉼터 (담깨비 조망대)

야영장과 가까운 곳에 있다. 담깨비는 당산이란 뜻이며 예전 이곳에서 당제를 지냈음을 의미한다. 커다란 칠판이 설치되어 여행 소회를 남길 수 있다. 이곳의 인물은 김좌진 장군이며 죽도와 연결된 큰달섬, 작은달섬을 조망할 수 있다.

제1전망쉼터   제2전망쉼터   제3전망쉼터

ACTIVITY

 트레킹

죽도 둘레길 (3.5km | 1시간 30분)
선착장-둘레길입구-솔숲-해안길-제1전망쉼터-독
살체험장-벽화마을-제3전망쉼터-헬기장-야영장-
태양광발전소-제2전망쉼터-마을회관-선착장

 캠핑

공식야영장에서 안전하게 캠핑을 즐길 수 있다.
사이트는 데크(3개)와 노지로 나뉜다. 데크는 쉼
터건물 바로 앞에 있지만, 건물이 시야를 가린다.
백패커들에게는 바다를 직접 조망할 수 있는 해변
노지가 인기가 있다. 쉼터 매점은 제법 물건의 가
지 수가 많다. 가격이 적당하기 때문에 간단한 음
료수와 주류, 라면, 과자 등은 이곳을 이용하는 것
이 편리하다.

■ 야영비 : 1인당 1만 원 (어린이도 동일)

 FOOD

섬에서는 계절별로 다양한 해산물을 맛볼 수 있
다. 봄 바지락, 여름 꽃게, 가을 대하 그리고 겨울
에는 새조개다. 일부는 남당항에서 들여오기도 하
고 또 섬에서도 난다. 섬 내 민박과 식당에서 먹을
수 있다.

STAY

5개의 민박이 있으며 공히 패키지 상품의 형태
로 판매된다. 민박 패키지 상품은 1박 3식 제공
에 해상 관광 2시간을 포함해서 1인당 13만 원을
받는다.

REFERENCE SITE & PHONE NUMBER

주요 기관 & 여행 안내
■ 홍성문화관광 (tour.hongseong.go.kr/tour.do)
■ 죽도닷컴 (www.juckdo.com/index.php)
■ 죽도 이성준 이장 (010-5235-4971)

교통
■ 홍주해운 (hongjuhw.modoo.at | 남당항 041-
631-0123 | 죽도항 041-632-2269)

숙박
■ 죽도대나무마을영어조합법인 이종화사무장
(죽도 야영장 010-8804-9171)
■ 신광민박 (010-4173-0023)
■ 나라민박 (010-3747-9840)
■ 순정민박 (010-6478-0041)
■ 현일민박 (010-4766-0028)
■ 대섬민박 (010-8802-1907)

018

원산도

안면도와 대천을 잇는 버라이어티한 섬 여행

원산안면대교

선촌선착장   효자도

초전항

오봉산

오봉산해수욕장

범산   중봉산   안산   원산도   당산

사창해수욕장 아영장

원산도해수욕장

저두선착장

큰산   저두해수욕장

보령해저터널

뭐니 뭐니 해도 충남의 대표 섬은 원산도다. 해수욕장 네 곳에 여객선이 드나드는 선착장만 해도 두 곳이나 된다. 면적이 10km²가 넘는 섬이다 보니 주민 수가 1,300명에 달하고 여객선의 운항 횟수도 빈번하다. 그러던 원산도에 큰 변화가 생겼고 또 생겨날 예정이다. 2019년 12월 안면도와의 사이에 '원산안면대교'(1.75km)가 놓이면서 원산도는 배를 타지 않고도 들어갈 수 있는 섬 아닌 섬이 되었다. 또한, 2021년 12월에는 보령과 원산도를 잇는 총길이 6927m, 세계에서 다섯 번째, 국내 최장의 보령 해저터널이 개통되었다. 그리고 2025년부터 1000억원 규모의 예산을 투자, 원산도와 삽시도를 연결하는 해양관광 케이블카 공사를 진행할 예정이다. 이미 원산도의 목 좋은 곳에는 대형 카페와 펜션이 들어서고 섬 자치회가 운영하는 캠핑장도 두 곳이나 생겼다. 주말이면 보령과 안면도에서 넘어온 차량으로 섬이 북적이며 캠핑장도 만원이다. 섬이 달라지면 여행하는 방법도 달라지게 마련이다. '머물거나' 혹은 '놀다 가기'를 위한 선택이 쉬워졌다.

이제는 오봉산을 걷거나 선촌항선착장에서 낚싯대를 담그고 있어도 배 시간을 걱정할 필요가 없어졌다. 하지만 섬의 모습이 달라진다 해서 그 정서마저 한꺼번에 바뀌는 것은 아니다. 오랫동안 섬을 지켜온 주민들의 일상, 물이 빠지면 끝없이 드러나는 청정 갯벌 그리고 맑고 푸른 하늘, 바다는 원산도를 여전히 섬이라 부르게 되는 귀한 자산이 남아있기 때문이다.

오봉산해수욕장

🚢 TRAFFIC

여객선
대천항여객터미널 → 원산도 (선촌항)
- 하루 3회 운항 | 30분 소요

보령시 시내버스
대천종합터미널 → 원산도
- 하루 5회 운행 | 1시간~1시간 30분 소요

안면도-원산도간 순환버스
공공형버스 : 고남면 안면농협 고남지소 → 원산도리 선촌항
- 하루 3회 운행 | 10분 소요

농어촌버스 : 안면읍 승언터미널 → 원산도리 선촌항
- 하루 1회 운행 | 40분 소요

🖼 PLACE TO VISIT

원산도해수욕장
지도를 보면 원산도의 4개 해수욕장은 섬의 남쪽 해안에 일렬로 자리하고 있어 온종일 해가 든다. 그중 원산도해수욕장은 해변의 규모도 가장 크고 송림이 울창해 오래전부터 섬의 대표 해수욕장으로 사랑받아왔다. 최근 주차장이 단장되고 캠핑장이 들어서면서 더욱 많은 여행객이 찾아든다. 또 주말이면 먹거리 포장마차가 서고 특산물시장도 열린다.

오봉산해수욕장
섬의 가장 서쪽에 있는 해수욕장으로 뒤편에 오봉산을 비롯, 안산과 증봉산으로 둘러싸여 매우 아늑하다. 주변에 대형 펜션을 비롯, 민박과 상가촌이 있어 하루를 머물기에도 제격이다. 백사장이 상가 앞까지 이어질 정도로 모래가 풍부하고 바다 풍광이 뛰어나다.

📷 PHOTO SPOTS

원산도 '바이더오' 루프탑
바이더오는 초전항 언덕 위에 있는 대형 카페다. 이곳의 루프탑에서는 초전항의 전경은 물론 '원산안면대교'와 안면도, 고대도를 포함한 주위의 무인도까지 훤히 내려다보인다. 눈과 카메라가 호강하는 비용이라면 커피값 정도는 전혀 아깝지 않다.

선촌항선착장
선촌항의 분위기는 언제나 밝고 명랑하다. 배 시간을 피해 낚싯대를 드리운 관광객들의 모습이 정겹다. 특히 날씨가 좋은 날에는 건너편 효자도의 풍광까지 어우러져 평화로운 장면을 연출한다.

소록도 야영장

바이더오 루프탑에서 바라본 초전항

ACTIVITY

트레킹

원산도는 2024년 현재 공식 트레킹 코스가 없다. 초행의 걷기 여행자들은 대부분 산악회 등의 경험에 의존한다.

원산도 종주 코스 (18km | 6시간)
저두선착장-당산1-원산도해수욕장-원산교차로-당산2-사창해수욕장-안산1-원산중앙교회-오로봉-오봉산-증봉산-범산-진말버스정류장-선촌선착장

산행 코스 (10km | 3시간)
원산안면대교-원의교차로-구치해수욕장-사창해수욕장-오봉산해수욕장-증봉산-오로봉(정상)-명진슈퍼-원의교차로-원산안면대교

캠핑

원산도캠핑장 (소록도야영장/ 소나무숲야영장 홈페이지 예약)
소록도 캠핑카가능구역(15면 30,000원), 소록도 텐트전용(9면 30,000원), 소나무숲야영장 10면 30,000원)으로 구성돼있다. 소나무숲야영장은 데크 사이트며 차량진입이 되지 않지만, 독립적이고 나무 그늘이 좋다. 캠핑카가능구역은 바닥이 시멘트며 화장실까지 다소간의 거리가 있다.

사창해수욕장야영장 (원산3리청년회 운영 | 홈페이지 예약)
캠핑카 및 텐트 겸용(28면, 30,000원), 노지(10,000원)으로 구성. 주차장에 차를 세우면 바로 위쪽에 사이트가 있다. 시멘트 바닥이라 다소 불편하지만, 전망이 뛰어나고 화장실이 가깝다. 차박도 가능하다.

햇빛바다관광펜션 캠핑장 (오봉산해수욕장 | 시설 | 홈페이지예약)
펜션의 너른 부지 내에 29면 캠핑전용구역, 카라반/ 캠핑카구역(55,000원)를 갖추고 있다. 해변 바로 앞에 있어 낚시나 물놀이, 해루질 등을 맘껏 즐길 수 있다.

캠핑해씨유 (오봉산해수욕장 | 시설 | 홈페이지예약)
일반 캠핑존(31면)과 차박이 가능한 오토캠핑존(19면)으로 구역이 나뉘어있다. 사이트와 백사장이 이어져있으며 뒤편에 식당, 슈퍼 등의 상가 촌이 형성돼있어 편리하게 이용할 수 있다. 요금은 평일 45,000원, 주말 및 성수기 50,000원.

보령 해저터널

FOOD

선촌항의 명가식당(바지락칼국수), 짬뽕 맛집 태원각 등 로컬맛집이 있지만, 다리가 놓인 후 새로운 식당과 카페들이 들이 들어서는 추세다. 안면도 수산시장, 구매항, 영목항 등에서 수산물을 사서 원산도로 들어오는 관광객도 많다. 초전항 선착장에는 자연산 생선회를 포장 구매할 수 있는 작은 가게가 있는데 가격이 무척 저렴하다. 바로 옆 마을 부녀회가 운영하는 식당에서 취식도 가능하다.

STAY

원산도의 펜션과 민박은 오봉산해수욕장과 사창해수욕장 주변으로 분포돼있다. 특히 오봉산해수욕장의 '햇빛바다관광펜션'은 대표적 숙박시설로 숙소를 걸어 나가면 곧장 해변으로 이어지는 뛰어난 관광입지를 가지고 있다. 육로가 연결된 후 원산도 내에는 풀빌라가 생겨나는 등 숙소의 고급화 추세가 두드러진다.

REFERENCE SITE & PHONE NUMBER

주요 기관 & 여행 안내
- 원산도닷컴 (원산도관광발전협의회 | www.원산도.com)
- 원산도캠핑장 (원산도해수욕장야영장.com | 010-7414-6181)
- 사창해수욕장야영장 (sachangcamp.co.kr | 041-935-9079)

음식 및 숙박
- 햇빛바다관광펜션 (www.sunshinecv.com | 041-936-4277)

- 캠핑해씨유 (sunseau.co.kr | 010-3080-6968)
- 챠오벨라키즈풀펜션 (0507-1460-7511)
- 비치하우스 (wonsanbeach.net | 041-935-1138)
- 원산아일랜드 펜션 (www.wonsanisland.co.kr | 010-5458-5924)
- 파도와함께하는펜션 (msmart.kr | 0507-1400-0721)
- 바이더오 (0507-1426-5554)
- 원산도커피 (010-9429-9554)

원산도 해수욕장

선촌항

019

장고도

열린 바닷길을 따라 바지락도 캐고

명장도

명장섬해수욕장

해안로산책

소나무숲

어촌체험관

장고도

대멸선착장

당너머해수욕장

앞장벌

당산

마도로스민박

달바위선착장

달바위

고대도

해안산책로

달바위

장고도는 삽시도의 북쪽, 고대도의 서쪽에 있는 섬으로 대천항을 기점으로 21km 거리에 있다. 남쪽으로는 장벌로 불리는 갯벌이 넓게 펼쳐지고 북쪽으로는 당너머해수욕장과 명장섬해수욕장이 해안을 따라 길게 놓인 아담한 섬이다.

여객선이 닿는 대멀항과 마을은 2km 정도 떨어져 있다. 섬이 장구 모양이라면 선착장은 변죽에, 마을은 졸목에 있는 셈이다. 하루에 두 번 썰물 때면 장고도와 명장섬 사이에는 바닷길이 드러난다. 특히 6물과 11물 사이에는 이곳 바닷길과 장벌에 모든 주민이 나와 바지락을 캔다. 장고도는 '해산물 기본소득'으로 풍요로운 삶을 이어가고 있다. 자연 공급원인 바다를 공유부로 삼고 그곳에서 나오는 수익을 배당하는 형식이다.

2020년 기준으로 장고도의 기본소득은 연 1,100만원, 바지락 채취에서 1,000만 원을 추가 배당했다. 조금만 부지런하면 얻을 수 있는 소득이니 세상에 부러울 것 없는 섬이다. 게다가 대멀항에 어촌체험관을 세워 각종 체험프로그램도 운영한다.

장고도는 이웃 섬 고대도와 더불어 태안 해안 국립공원에 속해있다. 물때에 따라 모습이 변해가는 해변 풍광도 아름답지만 울창하게 자라나 섬의 반을 채운 송림 또한 여행자의 걸음을 유혹한다.

대멀선착장

🚢 TRAFFIC

여객선
대천항여객터미널 → 장고도 (대멀선착장)
- 하루 3회 운항 | 1시간 10분 소요
- 동계 감회운항
※ 물때에 따라 간혹 마을 내 선착장으로 배가 들어오는 경우가 있으니 확인이 필요하다.

🖼 PLACE TO VISIT

돌방
'등바루놀이'는 마을 처녀들이 등불을 밝히고 굴을 따며 풍어를 비는 민속놀이로 장고도에서 200년 동안 계승되었다. 돌방은 바닷가 쪽으로 입구를 내고 삼면에 돌을 쌓아 만든 타원형의 방으로 놀이에 참석하는 처녀들이 옷을 갈아입고 단장을 하는 장소로 쓰였다. 몇 년 전만 해도 명장섬이 보이는 해안가 민박부지에 실제로 돌방이 있었으나 관리 소홀로 모두 없어지고 현재는 대멀항 부근에 실물모형을 만들어놓아 그 생김을 짐작게 하고 있다.

마도로스민박
스포츠뿐만 아니라 섬에도 멀티플레이어가 있다. 마을 내 가장 눈에 잘 띄는 도롯가에 있는 마도로스민박은 민박, 식당은 물론 슈퍼에 여객선 매표소까지 겸한다. 언제든 찾아가도 밥 한 끼 먹는데 걱정이 없으며 컵라면을 사면 뜨거운 물에 김치까지 무료로 제공할 정도로 인심이 후하다.

앞장벌

📷 PHOTO SPOTS

명장섬
명장섬은 장고도의 상징으로 통하는 명소다. 바닷물이 물러가면 무려 2km의 바닷길이 열려 규모나 풍광에서도 압도적인 자태를 보여준다. 특히 눈 내린 겨울 하얗게 덮인 바닷길은 신비스러운 정취를 자아낸다.

앞장벌 바지락캐기
물이 빠지고 모습을 드러낸 앞장벌은 그 끝을 가늠할 수 없을 정도로 광활하다. 주민들이 호미로 캐낸 바지락은 경운기가 들어가 실어낸다. 일련의 작업과정 하나하나가 여행자들에게는 호기심의 대상이자 이곳 섬에서만 볼 수 있는 특별한 그림이다.

명장섬 바닷길

ACTIVITY

 트레킹

안내판에는 둘레길과 해안 탐방로를 나눠 코스를 설명하고 있지만, 선착장을 출발하여 길이 이어지는 대로 걷다 보면 섬의 모든 곳을 자연스럽게 돌아보게 된다. 섬이 작은 편이고 모든 길이 완만해서 별다른 차림 없이 남녀노소 누구나 쉽게 걸을 수 있다.

장고도 둘레길 (1km | 2시간)
- 대머리선착장-명장섬해수욕장-명장섬-당너머해수욕장

해안탐방로
- 제1해안탐방로 (0.8km | 20분)
  명장섬해수욕장 동쪽 끝-해안데크길-대멀항
- 제2해안탐방로 (1.1km | 30분)
  청룡초등학교 장고분교장-해안데크길-염전저수지

캠핑

당너머해수욕장의 해변과 명장섬이 바라다보이는 해안에 알파인텐트 서너 동이 들어갈 공간이 있지만, 전체적으로는 캠핑 인프라는 부족하다. 차박에 대해서도 주민들의 인식이 좋지 않고 또 어울리는 장소도 없다.

FOOD

마도로스민박을 제외하면 식당이 없다. 하지만 해산물 식재료가 풍부해 민박집에서 풍요로운 섬밥상을 먹을 수 있다.

STAY

과거 섬의 북쪽 해안에 늘어섰던 무허가 민박, 펜션들은 모두 철거된 상태다.
현재는 마을 내에 5~6곳의 민박이 운영중이며 향후 명장섬 숙박단지가 들어설 예정이다.

돌방 모형

REFERENCE SITE & PHONE NUMBER

체험프로그램
- 장고도어촌체험마을 (www.장고도어촌체험마을.kr | 사무장 010-2412-3863)
- 장고도 그물체험 (지혜네 민박 041-931-8808)

숙박
- 마도로스민박 (0507-1404-1098)
- 미나민박 (041-932-4980)
- 유리네민박 (041-936-1484)
- 바다사랑펜션민박 (041-931-3867)
- 섬마을민박 (041-934-1297)

020 고대도

광활한 앞장벌은 해산물의 보고

조구여　고대도방파제

선착장

고대도선교센터

고대도

고대도교회

당산해수욕장

앞장벌

해안다리길

선바위전망대

귀츨라프기념공원

선바위

고대도는 우리나라 최초의 개신교 전래지다. 하지만 막상 섬에 들어서면 종교적인 색채를 느낄 수 없다. 그저 기념물은 섬의 일부로 느껴진다. 고대도는 면적이 채 0.82km²에 불과한 작은 섬이다. 선착장과 마을, 그리고 장벌이 전부일 만큼 주민들의 생활 터전 역시 간단명료하다. 고대도는 예로부터 수산자원이 풍부해 보령시가 품은 섬 중에서 가장 부유함을 자랑했다. 그래서인지 관광지 개발에도 조급함이 없다. 지금도 주민들은 어구를 손질하거나 장벌에 숨은 바지락을 캐어 소득을 올린다. 마을 내에는 현대식 건물과 오랜 가옥들이 뒤섞여 있지만, 섬다운 정서가 물씬하다. 고대도는 마을 안 슈퍼에 앉아 맥주를 마시는 것만으로도 사람 사는 정이 훈훈하게 느껴지는 섬이다. 2024년, 선교사 귀츨라프를 기념하는 칼 귀츨라프 마을이 조성 완료되었으며 해양문화체험관도 개관했다.

마을길

🚢 TRAFFIC

여객선
대천항여객터미널 → 고대도
- 하루 3회 운항 | 1시간 25분 소요
- 동계 감회운항
※ 마지막 여객선은 대천항-고대도-장고도-삽시도-대천항 순으로 운항한다.

🖼 PLACE TO VISIT

고대도교회 (귀츨라프선교사 기념교회)
1832년 칼 귀츨라프가 약 한 달간 머물며 선교활동을 펼쳤던 고대도는 한국 최초로 개신교 선교사에 의하여 복음이 전해진 기독교 순례지다. 하지만 교회는 귀츨라프가 다녀간 지 150년이 지난 1982년 세워졌고 여러 차례 개축되어 현대적인 모습을 하고 있다.

당산해수욕장
마을 뒤 당산 너머에는 50m 길이의 오붓하고 백사장이 아름다운 해변이 두 개나 있다. 수심이 낮고 잔잔해서 물놀이하기에 적당하며 서쪽을 향하고 있어 낙조 뷰도 일품이다. 단 밀물이 되면 해변 끝까지 물이 차오르니 물때를 잘 살펴야 한다.

📷 PHOTO SPOTS

봉화재 해안 다리 길
선착장에서부터 해안을 따라 평범하게 이어지던 도로는 마을을 지나고 봉화재 둘레로 들어서는 순간부터 그 모습을 달리한다. 장벌 위에 기둥을 세우고 그 위로 놓인 콘크리트 도로는 밀물이 되면 마치 바다 위에 떠 있는 듯한 느낌을 준다. 길은 해안의 굴곡을 따라 500m가량 이어지는데 곳곳에 경운기가 장벌로 내려갈 수 있도록 출구를 만들어놓은 것도 인상적이다.

선바위
고대도 둘레길 마지막 전망대에 오르면 동남쪽으로 바다 위에 홀로 우뚝 선 바위 하나가 시야에 들어온다. 고기잡이를 나가는 어부들이 풍어와 안전을 기원하는 바위로 '돛단여'라고도 한다. 물때에 따라 그 모습이 달라지며 특히 해무가 자욱한 날에는 더욱 신비감을 자아낸다.

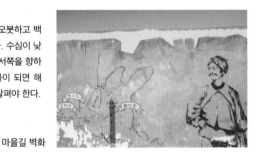

앞장벌   마을길 벽화

트레킹

아침 배로 입도, 섬을 걸은 후 오후 배(약 5시간 30분 여유)나 막 배(약 8시간 가량 여유)를 이용 대천항으로 나와도 좋지만, 삽시도나 장고도를 거쳐서 들어온다면 당일 출도(2시간 25분 여유) 하기에는 시간이 촉박하다.

섬 종주길 (5km | 3시간 30분)
선착장−조구장벌−당산해수욕장−고대도교회−해안다리길−귀츨라프기념공원−선바위전망대−봉화재산길−마을앞−선착장

둘레길 1구간 (1.5km | 1시간)
선착장−조구장벌−당산해수욕장

둘레길 2구간 (2km | 1시간 20분)
선착장−고대도교회−해안다리길−귀츨라프기념공원−선바위전망대

 캠핑

귀츨라프 공원 주변으로 알파인텐트 한두 동 정도는 설영이 가능하지만, 섬 전체적으로는 캠핑에 어울리는 장소가 없다. 섬이 작은 편이라 또한 차박을 할 수 있는 공간이 없으며 무엇보다 차량을 가지고 입도할 아무런 이유가 없다.

귀츨라프공원
고대도교회
몽돌해수욕장

FOOD

고대도 앞장벌은 수산물의 보고다. 주민들이 직접 잡은 낙지나 자연산 굴을 고대도선교센터를 통해 현지구입하거나 택배로 받아볼 수 있다.

마을에는 두 곳의 식당이 영업 중이다. 공사를 위해 들어온 인부들의 식사를 위해 생겨난 것이지만 여행객들도 준비시간을 고려해 예약하면 밥을 먹을 수 있다. 슈퍼가 한 곳 있어 그곳에서도 컵라면이나 맥주 정도는 편안하게 즐길 수 있다.

STAY

펜션은 없고 적은 수의 민박이 있다. 최근 해양문화체험관 내에 게스트하우스가 들어섰다.

REFERENCE SITE & PHONE NUMBER

주요 기관 & 여행 안내

- 보령시 관광안내소 (041-932-2023, 041-930-0980)
- 보령시 관광과 (041-930-6551, 041-930-6564)
- 보령시 오천면사무소 (041-930-0803)
- 고대도선교센터 (godaedo.net | 010-3087-0675)
- 김종숙 고대도 사무국장 (낙지 구입 및 택배 010-4992-2407)
- 김진석 고대도 청년회 사무국장 (자연산 굴 구입 및 택배 010-8599-6382)

교통

- 신한해운 (www.shinhanhewoon.com | 041-934-8772, 041-934-8773)

음식 및 숙박

- 고대도민박관광 (김흥태 이장, 010-3414-8998)
- 등대민박 (041-934-3297)
- 예사랑 (밥집 | 010-3771-9151)
- 간판없음 (밥집 | 010-9086-7529)
- 슈퍼 (010-6878-5029)

선착장

해안다리길

당산해수욕장

021

삽시도

숲길 너머 해변, 걷기에 특화된 사계절 여행지

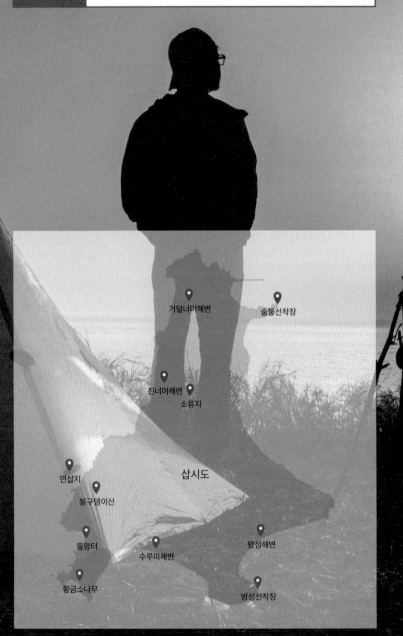

거덜너머해변

술뚱선착장

진너머해변

소류지

면삽지

삽시도

붕구뎅이산

물망터

수루미해변

밤섬해변

황금소나무

밤섬선착장

삽시도는 3.78km²의 면적을 가지고 있는 섬이다. 우리가 흔히 비교의 기준으로 삼는 여의도의 면적이 2.9km²이니 그 크기를 짐작할 수 있다. 대천항에서 여객선으로 50분 거리에 있으며 주변의 고대도와 장고도와는 같은 항로에 있다.

삽시도는 걷기에 최적화된 섬이다. 높은 봉우리나 고개가 없어 힘들이지 않고 경관을 즐길 수 있다. 길은 빼곡한 숲길을 지나고 또 시원한 해변 따라 이어지기도 한다. 혹자는 둘레길이 예쁘게 조성된 삽시도를 당일로 걷고 오기 좋은 섬이라 소개한다. 하지만 느긋하게 머물며 한낮의 평화로움과 밤의 설렘을 경험하지 않고서는 여행을 완성했다 할 수 없다. 삽시도는 섬을 둘러 4개의 아름다운 해수욕장을 가지고 있다. 거멀너머해수욕장이 감미로운 노을 맛집이라면 밤섬해수욕장은 기품있는 일출 카페다. 둘레길은 각각의 해변과 섬이 자랑하는 3개의 명소를 지난다. 황금빛 곰솔나무와 샘물이 솟는다는 물망터 그리고 하루에 두 번 본 섬과 떨어져 또 다른 섬이 되는 면삽지가 그것이다.

섬에는 널찍한 공간을 가진 민박과 펜션이 많다. 바비큐와 모닥불로 야외공간을 활용하며 저녁 시간을 보내는 가족들을 쉽게 만날 수 있다. 또한, 비수기와 평일이라면 차박과 캠핑도 삽시도를 즐기는 좋은 방법이다. 단 해안침식을 막기 위해 나무들이 많이 식재되어있으니 주의를 기울여야 한다.

머지 않아 삽시도와 원산도 사이 3.9km에 국내 최초로 해상케이블카가 설치된다. 이미 안면도에서 원산도까지 다리가 놓여있으니 삽시도 역시 배를 타지 않고 여행할 수 있게 될 전망이다.

해안에서 바라본 술뚱선착장

🚢 TRAFFIC

여객선
대천항여객터미널 → 삽시도 (밤섬, 술뚱선착장)

- 하루 3회 운항 | 45분 소요
- 동계 감회운항
- ※ 물때에 따라 삽시도 내 선착장이 바뀌니 확인
  해야 한다.
- ※ 마지막 여객선은 고대도-장고도-삽시도 순으
  로 기항한다.
- ※ 마을버스는 주민들을 위한 교통수단이라 여행
  객이 이용하기 어렵다.

🖼️ PLACE TO VISIT

면삽지
면삽지란 이름 그대로 삽시도를 면한다는 뜻이
다. 밀물 때는 영락없는 무인도가 되었다가 물이
빠지면서 서서히 바닷길을 드러내기 시작, 결국
은 모섬과 이어진다. 특히 이곳은 바닷속 자갈이
또렷이 들여다보일 정도로 물이 맑다. 물망터와
더불어 신비함을 자아내는 명소다.

수루미해수욕장
밤섬선착장을 기준으로 좌측에 있는 길이 1km
폭 50m의 해변이다. 소나무군락이 해변 전체를
감싸고 있어 매우 아늑하다. 또한, 앞섬 불모도와
어우러진 풍광이 아름다우며 모래가 곱고 물결이
잔잔해서 여름철 물놀이에도 안성맞춤이다. 노송
사이로 평편한 바위들이 놓인 해변의 서쪽 끝자
락은 휴식을 취하기 가장 좋은 장소다.

📷 PHOTO SPOTS

거멀너머 해넘이
거멀너머해변에서 바라보면 시야는 정확히 서쪽
수평선에 가서 꽂힌다. 이곳에서는 그 흔한 무인
도 하나 없이 온전한 바다로 곤두박질치는 태양
을 볼 수 있다. 하늘에 노랗게 드리웠다가 발갛게
물들어가는 낙조도 아름답지만, 해가 진 후, 파란
빛이 더해진 하늘은 더욱 감동적이다.

소류지 반영
진너머해변의 펜션들은 소류지를 마당처럼 펼쳐
두고 있다. 들판을 따라 놓인 좁은 길에서 바라보
면 알록달록 예쁘장한 펜션들이 저수지 수면에
반영된 모습을 볼 수 있다. 동화 속 그림을 연상시
키는 그 장면 또한 삽시도를 기억할 좋은 소재다.

마을길

수루미해수욕장

ACTIVITY

 트레킹

삽시도 둘레길은 총 8구간으로 나뉘어있지만 실제로 걷다 보면 큰 의미를 두지 않게 된다. 코스를 따라 걸어도 좋고 해안과 섬 내부를 나눠 걸어도 좋다.

삽시도 종주길 (12km | 5시간)
밤섬선착장-수루미해수욕장-황금곰솔-물망터-면삽지-진너머해수욕장-저수지-삽시도분교장-거멀너머해수욕장-술뜽선착장-해안길-밤섬해수욕장-밤섬선착장

삽시도 둘레길 (5.8km | 2시간 30분)
밤섬선착장-수루미해수욕장-황금곰솔-물망터-면삽지-진너머해수욕장

 캠핑

비수기에는 거멀너머해변과 수루미해변이 백패커들의 야영 장소로 이용된다. 하지만 거멀너머해변의 경우 성수기에는 야영비를 따로 지급해야한다. 차박할 수 있는 장소는 많지 않으나 비수기 평일이라면 조용히 지내다 올 수 있다. 두세 곳의 슈퍼가 운영되고 있지만, 물건값이 다소 비싸고 그 가짓수도 많지 않아 식재료는 대천항에서 구매해 오는 것이 좋다.

면삽지

🍴 FOOD

다섯 곳 정도의 식당이 운영되고 있지만, 계절에 따라 그 숫자가 유동적이다. 매운탕과 생선회를 쉽게 먹을 수 있고 테이크아웃도 가능하며 여행객들의 평가가 좋다.
삽시도 갯벌에서는 홍맛이라는 조개가 난다. 겉껍질은 얇고 우리가 아는 맛에 비해 속살이 붉고 크다. 해감 후 익혀 먹으면 쫄깃하니 맛이 있다.

- 삽시도회식당 : 홍맛두루치기/바지락칼국수 (생방송투데이 2821회), 우럭찜/꽃게무침 (한국인의 밥상 186회)

🏢 STAY

여름철 성수기를 제외하고는 잠자리를 걱정할 필요가 없을 만큼 민박과 펜션이 즐비하다. 밤섬선착장 부근에는 널찍하고 전원적이며, 술뚱마을과 진너머해변 주위로는 개성 있는 숙소들이 들어서 있다.

홍맛

📞 REFERENCE SITE & PHONE NUMBER

음식 및 숙박
- 삽시도어촌체험마을 (www.삽시도어촌체험마을.kr | 010-4444-5390)
- 바다타운펜션 (badatownsapsi.modoo.at | 0507-1485-1102)
- 이모네펜션 (www.삽시도이모네펜션.net | 010-4250-7454)
- 삽시도연가하우스 (yeongahouse.modoo.at | 041-936-8587)
- 삽시도민박 (010-6336-9956)

- 바다와정원 (peongsuri.com/h/borjeongwon | 010-9976-2827)
- 미펜션 (www.instagram.com/angler_young_jin | 010-8925-5902)
- 편백하우스 (blog.naver.com/smsm7075 | 010-9639-7077)
- 바다스케치 (www.badasketch.net | 010-5225-9177)
- 삽시도회식당 (010-5431-6390)
- 한일횟집 (041-935-3764)
- 민석이네 (041-935-7140)

해안산책로

삽시도 캠핑

소류지

022

호도

편하게 놀고, 먹고, 쉬기

호도선착장

민박촌

호도

호도해수욕장

호도산책로

호도산책로

바다전망대

갱녀굴

병풍바위

자갈밭해수욕장

애업은바위

도둑형굴

추동끝

호도는 대천항에서 출항하는 유일한 쾌속선 웨스트프론티어호가 가장 먼저 기항하는 섬이다.

1.33km²의 면적에 해안선 길이가 7km에 불과하다. 호도에는 60여 가구에 200여 주민이 산다. 작은 섬치고는 꽤 많은 인구다.

행정안전부 주관 '2024 섬 지역 특성화 사업' 공모에서 '맛과 멋의 은빛 휴양섬'으로 선정되었을 만큼 호도는 편하게 놀고, 먹고, 쉬다 오기에 딱 좋은 섬이다. 일단 섬이 작으니 걸어 다니는 데 부담이 없다. 민박집이 많고 대부분 시설이 현대식이라 불편함이 없다. 또한, 물 빠진 갯벌을 뒤져보면 개불, 골뱅이, 소라가 심심치 않게 나온다. 그것조차 귀찮으면 민박집에 식사를 주문해 먹으면 된다. 호도 섬 상차림엔 솜씨가 있다. 게다가 돈만 내면 생선회, 해삼, 낙지 등 원하는 무엇이든 밥상의 주인공이 된다.

호도해수욕장을 한마디로 표현하면 '이국적'이다. 규사 질 모래로 이루어진 해변은 유난히 희고 밝으며 그 끝을 알 수 없을 만큼 넓고 크다. 잔잔하고 푸른 바다, 그리고 그 위를 오가는 파도는 멀찌감치 부서져서 나직하게 밀려온다. 마치 남국의 휴양지에 온 듯한 느낌이다.

숙소에서 몇 걸음만 발을 옮기면 해변이다. 분주하게 여정을 채우지 않아도 마냥 즐거운 섬이 있다. 호도는 그런 섬이다.

캠핑

TRAFFIC

여객선
대천연안여객선터미널→ 호도
- 하루 2회 운항 | 1시간 소요
- 동계 감회운항

 PHOTO SPOTS

해변의 여인
썰물이 되면 너른 해변 곳곳에는 파래를 뒤집어 쓴 갯돌 군락이 모습을 드러낸다. 이때 마을의 아낙네들이 나타나 반찬이 되어줄 해산물을 채취한다. 초록의 갯벌 위에서 때로는 민박집 손님들과 함께 일하는 모습은 섬 생활의 한 장면이자 그녀들을 빛나게 하는 그림이다.

마을 민박촌

 PLACE TO VISIT

호도항
호도는 선착장의 모습부터 특이하다. 해안절벽과 방파제로 이뤄진 좁은 계류장 안에는 계단식 승선장이 설치되어있는데 물때에 따라 접안 높이를 달리하기 위한 고육책이다. 그리고 여객선이 도착할 즈음이면 승선장 위에 늘어선 리어카들을 볼 수 있다. 관광객의 짐을 실어 나르기 위해 민박집에서 내보낸 것이다.

 ACTIVITY

트레킹
호도의 또 하나의 해변 자갈밭해수욕장 뒤편으로는 소나무로 뒤덮인 작은 야산이 버티고 서 있다. 그 능선을 따라 두 개의 전망대를 거쳐 추동끝이라 불리는 해안절벽 인근까지 1.5km의 산책로가 조성돼있다. 마을 안길을 거쳐 산책로를 걷고 호도 해수욕장으로 거슬러 오면 아쉽지 않은 섬 트레킹을 완성할 수 있다.

호도 종주 코스 (4km | 2시간)
마을 안길-만복민박 80m 지점 좌회전-솔숲 산책로-전망대-전망대-산책로 종점-자갈밭해수욕장-호도해수욕장-마을

캠핑
선착장에서 해변까지 거리가 짧다. 여름에는 그늘이 좋은 호도해수욕장 뒤편의 송림, 그 밖의 계절에는 해변 곳곳에서 캠핑할 수 있다. 2박 3일 이상의 일정이라면 민박과 캠핑을 섞어 여정을 짜는 것이 좋다. 차박은 섬에 차를 가지고 들어올 방법이 없으니 당연히 불가하다.
마을 입구에 슈퍼가 있어 간단한 식음료를 구입할 수 있다.

등대

해산물 채취

FOOD

호도의 섬 밥상은 남다르다. 반찬의 가짓수도 많고, 해산물이며 채소도 모두 섬에서 나고 자란 것을 재료로 쓴다. 식당을 겸하는 곳이 많아 민박하지 않아도 식사를 할 수 있지만 조금은 차별받는 기분이 든다. 하룻밤은 묵어야 제맛을 느끼게 된다. 특히 광천민박과 광명민박의 밥상이 평가가 좋다.

STAY

30여 곳의 민박이 마을에 들어서 빼곡하게 자리하고 있다. 일반 가정집을 별다른 개조 없이 만든 숙소라 겉모습은 만만하지만, 실내는 나름 현대식이다. 여름휴가철에는 관광객이 많은 편이라 충분한 시간을 두고 예약해야 한다.

REFERENCE SITE & PHONE NUMBER

배낚시
- 포시즌호(www.daecheon4.com | 010-6412-7046)

음식 및 숙박
- 만복민박 (www.manbock.co.kr | 041-935-3938)
- 호도섬민박 (www.hodohodo.kr | 041-935-5509)

- 서해민박 (041-934-7063, 010-3305-7063)
- 호도행복민박 (0507-1403-3092)
- 호도와추억여행 (010-5495-2337)
- 제일원룸민박 (041-936-9419)
- 광명민박 (www.hodominbak.kr | 010-9377-0716)
- 광천민박 (www.hodominbak.co.kr | 041-932-3385, 010-3474-3385)
- 매표소슈퍼 (041-934-0016)

호도 해수욕장

023

외연도

트레져 아일랜드

매바위

노랑배

누적금　돌삭금

작은명금　큰명금

상록수림

봉화산

외연도

고리금

외연도선착장

마당배

사학금　　소공원

외연도항

망재산

외연도방파제

고래조지

충남의 섬 중 가장 아름다운 한 곳을 꼽으라면 두말없이 외연도라 말하겠다. 외연도는 충청남도의 유인도 중 육지와 가장 멀리 떨어져 있는 섬으로 대천항에서 쾌속선을 타고도 두 시간 넘게 바다 위를 달려야 만날 수 있다. 섬은 중앙의 낮고 완만한 당산이 봉화산과 망재산을 양옆에 우뚝하게 거느리는 M자형의 모습을 하고 있다.

마을은 당산의 자락을 따라 항구까지 이어진다. 부두를 중심으로 초등학교, 보건소, 여객선 대합실, 공동 작업장 등이 자리하고 식당과 슈퍼, 민박들도 늘어서 있다. 외연도의 바다는 남해안을 연상시킬 정도로 맑고 투명하며 해안의 몽돌과 바위 또한, 유난히 크고 둥글다. 오래전 주민들은 햇살에 반짝이는 바위를 보고 금이라 불렀고 그로 인해 고라금, 누적금, 작은명금, 큰명금이란 명칭이 생겨났다. 천연기념물로 지정된 마을 뒤편 작은 동산 숲에는 여러 수종의 상록활엽수와 낙엽활엽수들이 푸르름을 뽐내고 있다. 매년 닥쳐오는 태풍들을 견뎌내며 많은 생채기가 생겨났지만, 숲은 여전히 울창하다.

둘레길은 선착장을 시작으로 망재산을 오르내리고 북쪽 해안길과 봉화산 아래의 데크길을 돌아 원점으로 회귀하게 된다. 망재산이 거칠고 투박한 자연미를 가지고 있다면 고라금에서 노랑배까지는 공원길과 같은 정갈함이 있다. 외연도는 새들의 천국이다. 관찰된 조류만 해도 1,200개체가 넘을 정도다. 그것을 담기 위해 해마다 많은 조류사진작가가 섬을 찾는다.

사람들은 외연도를 보물섬이라 부른다. 섬을 여행하며 그 보물을 찾아보는 재미, 외연도를 즐기는 방법이다.

봉화산 정상에서 본 전망

TRAFFIC

여객선
대천연안여객선터미널 → 외연도
- 하루 2회 운항 | 2시간 소요
- 동계 감회운항

PHOTO SPOTS

봉화산
본 섬 외연도를 포함 대청도, 중청도, 횡경도, 황도 등 10개의 섬을 모아 외연열도라 부른다. 하루해가 저물 즈음, 봉화산 정상에서 바라본 외연열도의 낙조는 너무도 황홀하다. 또 동틀 무렵 봉화산 중턱(데크 쉼터)의 전망 바위에서는 외연도항과 마을의 어스레한 전경이 한눈에 들어온다.

외연도항
외연도행 쾌속선 웨스트프론티어호는 갑판 출입을 제한하지 않는다. 배가 입항할 무렵 빨간 등대와 선착장 그리고 봉화산의 조화는 매우 상징적이다. 외연도항에 녹아있는 주민들의 삶도 섬 사진의 좋은 소재가 된다.

PLACE TO VISIT

고래조지
망재산 아래쪽으로 걸어 나오면 뜻밖의 초지가 펼쳐진다. 그곳은 고래조지의 윗부분이다. 바다에서 보면 해안절벽 중앙에 색이 다른 암석이 길쭉하게 도드라지는데 그것을 섬사람들은 고래의 생식기를 닮았다고 해서 고래조지로 부른다. 고래조지 전망대는 또 하나의 낙조 포인트며 무인도인 대청도와 중청도가 또렷하게 보이는 전망 명소다.

상록수림
외연도 상록수림은 천연기념물 136호로 지정되어있다. 후박나무, 동백나무, 팽나무, 상수리나무, 생달나무 등의 다양한 수종이 굵게 자라나 숲을 빼곡히 채웠다. 미로처럼 이어진 탐방로 곳곳에는 녹음을 마음껏 즐길 수 있도록 데크 쉼터도 만들어놓았다. 10여 년 전까지 섬의 대표적 볼거리로 사랑받았던 연리지 나무는 사라졌지만, 상록수림은 피톤치드 넘치는 외연도의 보물이다.

노랑배
아침 햇살을 받은 해안절벽이 노란빛을 띠고 그 모습이 배의 앞부분과 흡사해서 노랑배란 이름을 얻었다. 노랑배 전망대에선 외연도의 몽돌해변과 당산 그리고 매바위와 고래바위까지 파노라마처럼 펼쳐지며 망원경 두 대가 설치되어 가까이 관찰할 수 있도록 했다.

노랑배 전망 | 헬기장 쉼터

ACTIVITY

 트레킹

망재산 둘레길 (3.5km | 2시간)
선착장-일출전망대-망재산-고래조지-고라금-
선착장

봉화산둘레길 (5km | 3시간)
선착장-누적금-돌삭금-헬기장-노랑배-봉화
산-쉼터-당산-상록수림-초등학교-선착장

※ 노랑배-마당배-선착장으로 이어지는 코스는
   길이 험하고 우천시 시계가 안 좋으며 특히 갯
   바위 구간은 만조 시 위험하니 날씨와 물때를
   잘 살펴야 한다.

 캠핑

누적금, 돌삭금, 노랑배의 전망데크가 주된 숙
영지로 이용된다. 하지만 최근에는 화재와 데크
파손 등을 이유로 주말과 성수기에는 캠핑을 제
한하는 경우가 빈번하다. 대안으로는 마을 안
테마공원, 헬기장 부근 노지 그리고 돌삭금 몽
돌해변이 있다. 섬 내에 작은 규모지만 슈퍼가
두세 곳 있고 식당도 여러 곳 영업하고 있으므
로 지나치게 많은 음식이나 식재료는 준비해 올
필요가 없다.

누적금

FOOD

상시 운영되는 섬 내 식당들은 생선회와 매운탕을 주메뉴로 하지만 백반을 빠뜨리지 않는다. 생선구이(조림)과 찌개나 국이 기본으로 나오는 백반은 평균 이상이다. 생선회는 모두가 자연산이라 식감이 좋고 밑반찬과 매운탕이 기본으로 제공되며 가격이 적절해 한 번쯤 먹을 만하다. 외연도는 해삼이 많이 양식되는데 해삼 가공공장을 갖추고 있을 정도다. 해삼내장으로 만든 젓갈은 반드시 먹어봐야 할 별미다. 백반에도 해삼요리가 올라오는 추억식당을 추천한다.

■ 장미식당 : 농어 (모닝와이드 5321회)

STAY

작은 섬에 무려 25곳이나 되는 민박이 있다는 것은 그만큼 여행객이 많다는 뜻이다. 봄, 가을 주말과 휴가철에는 숙소 잡기가 쉽지 않다. 여행계획을 세우면 일단 여객선 티켓을 확보(가보고싶은 섬 홈페이지)한 후 숙소를 예약하는 것이 순서다.

추억식당의 섬 밥상

REFERENCE SITE & PHONE NUMBER

주요 기관 & 여행 안내
■ 보령시문화관광 (www.brcn.go.kr/tour.do)
■ 보령시 관광안내소 (041-932-2023, 0980)
■ 보령시 관광과 (041-930-6551, 6564)
■ 보령시 오천면사무소 (041-930-0803)
■ 복경종 외연도 이장 (010-4011-6030)

음식 및 숙박
■ 추억식당 (010-3472-7008)
■ 장미식당 (010-4418-4566)
■ 박철민박 (010-7577-6628)
■ 섬사랑이야기 (041-935-1677)
■ 다온민박 (0507-1338-9319)
■ 민박미르 (010-6377-5049)
■ 여기서민박 (041-935-1971)

마을 벽화 ㅣ 뒷골목

돌삭금

상록수림 쉼터

전북

024

관리도

배 타고 10분만에 정말 뜻밖이야

낙조전망데크

캠핑장

관리도선착장

용바위

샛꼼해벽

선바위전망대

설록금해변

깃대봉

관리도

징장볼해수욕장

버금물해수욕장

만물상바위

천공굴/쇠코바위

전라북도 군산시 옥도면에 있는 57개의 섬(10개의 유인도와 47개)들을 모아 고군산군도라 부른다. 고군산이란 군도의 중심, 선유도의 옛 이름이 군산도였던 것에서 유래되었다. 최근 고군산군도의 유인도들은 그 절반 이상이 육지와 연결되면서 전라북도 해상관광의 메카로 빠르게 부상했다. 관리도는 연륙되지 않은 고군산군도의 4개 유인도 중 육지와 가장 가까운 섬이다. 차를 타고 들어갈 수 있는 장자도와 거리도 2km에 불과하다. 그런 이유로 관리도는 등산객들과 백패커들이 쉽게 찾아갈 수 있는 섬이다. 고군산열도의 해금강이라 불릴 만큼 산세가 수려한 데다 정식 캠핑장까지 갖추고 있으니 더할 나위가 없다. 배가 섬에 닿으면 여행객은 두 부류로 나뉜다. 등산객들은 선착장부터 이어지는 섬 능선을 타기 시작하고, 백패커들은 마을을 잰걸음으로 지나친 후 곧바로 캠핑장으로 올라간다. 캠핑장은 2018년 공식 개장 후 마을에서 관리하다가 2020년 7월부터 주민 중 한 사람이 재위탁을 받아 운영 중이다. 캠핑비는 다소 인상됐지만, 365일 깨끗한 환경을 유지할 수 있게 되었다. 관리도를 직접 걸어본 사람이라면 누구나 감탄을 주저하지 않는다. 산이 높지 않음에도 전망이 좋고 코스가 아기자기해서 재미가 있다는 것이다. 깃대봉, 절망봉, 투구봉을 오르내리는 산행길엔 고군산도의 올망졸망한 섬들과 자연이 깎아놓은 독특한 암석들이 앞다투어 나타난다. 섬의 서쪽이 해안침식 지형이라면 동쪽 해안은 사빈이 발달해있다. 모래가 굵고 다소 거친 느낌이지만, 모습은 영락없는 해수욕장이다. 가까운 섬은 그저 그럴 것이라는 밋밋한 기대를 했다면 관리도는 뜻밖의 섬이다. 배 타고 10분이면 전혀 다른 세상을 만나게 될 테니까.

만물상바위

TRAFFIC

여객선

군산항연안여객터미널 → 관리도
- 하루 1회 운항 | 2시간 5분 소요

장자도여객터미널 → 관리도
- 평일 하루 2회, 주말 하루 3회 운항 | 5분 소요

 PHOTO SPOTS

캠핑장 낙조 전망대

캠핑장 위편 절벽 위에는 하얀 콘크리트로 지어
진 2층 구조의 낙조 전망대가 있다. 항간에서는
서해에서 가장 아름다운 해넘이를 볼 수 있는 곳
이라고도 한다. 전망대의 왼쪽으로 용이 여의주
를 물고 있는 듯한 바위가 보여 용바위 전망대로
도 불린다. 조금 아래에 있는 데크 전망대에서는
두 개의 해안절벽이 협곡을 이룬 사이로 떨어지
는 감성충만한 해넘이를 관측할 수 있다.

PLACE TO VISIT

천공굴, 쇠코바위

투구봉 서쪽 끝에 있는 천공굴은 여간 마음먹지
않으면 지나치거나 포기하기 쉬운 관리도의 명소
다. 산성화산암류로 이루어진 쇠코바위로 접근하
려면 4~5m의 해벽을 타고 내려가야 한다. 바위
가운데 하늘을 향해 뚫린 구멍이 있어 그것을 천
공굴이라 부른다. 선유3구에서 출발하는 유람선
(새만금유람선 D코스)을 타면 바다에서 좀 더 자
세히 볼 수 있다.

투구봉 해안절벽(만물상바위)

깃대봉에서 절벽 길을 따라 투구봉 방향으로 내
려오면 전망 바위가 하나 나타난다. 마치 가거도
의 섬등반도나 연화도의 용머리해안을 연상케 하
는 절경이 바다를 향해 뻗어있다. 가까이 다가가
보면 파도에 의해 침식된 수많은 바위 면이 기상
천외한 모양을 띠고 나열해있는데 이것을 만물상
바위로 부른다.

낙조전망대

ACTIVITY

트레킹
(8km | 3시간 30분)

관리도의 옛이름을 따서 총 4개의 꽃지길 코스가 있다. 하지만 능선을 따라 산행을 하고 해안으로 내려와 원점으로 회귀하는 종주 코스가 일반적이다.

관리도선착장-발전소-작은깃대봉-낙조전망대-캠핑장-깃대봉(삼각점)-전망바위-투구봉-암릉지대-쇠코바위-암릉지대-투구봉-해안도로-징장불해수욕장-설록금해변-발전소-관리도선착장

캠핑

고군산군도의 섬 중에서 캠핑여건이 가장 좋다. 총 3개 구역에 17개의 사이트가 있으며 캠핑비는 평일, 휴일 주말 성수기 여부에 따라서 사이트당 25,000원에서 50,000원으로 나뉜다. 낙조 전망대의 1층 2면이 캠핑사이트로 운영되는데 대신 과거에 백패커들이 명당자리로 여겼던 해안절벽 데크에서의 캠핑은 불가하다. 캠핑장 안팎에는 슈퍼와 매점이 있지만, 규모가 매우 작다. 식재료는 준비해서 입도하는 것이 좋다.

징장불해수욕장
질망봉에서 바라본 선바위와 대장도

박버금물해변
꽃지길

FOOD

선착장에 포장마차 횟집이 있지만, 상시 문을 열지는 않는다. 그 외 식당은 없다. 당일 산행을 위해 입도한 등산객들은 도시락을 지참하거나 장자도로 나가 식사를 한다. 섬 내 펜션의 경우 숙박 인원에 따라 식사가 제공되는데 다소 비싼 편이다.

STAY

총 4곳의 펜션과 민박이 운영 중이다. 비교적 크고 깨끗한 데다 체험활동 등 다양한 서비스를 갖추고 있다. 하지만 단체를 선호하는 편이라 가족 단위 이하인 경우 다소 혼잡하게 느껴질 수도 있다.

REFERENCE SITE & PHONE NUMBER

주요 기관 & 여행 안내
- 군산시 문화관광 (www.gunsan.go.kr/tour)

교통
- 새만금유람선 (고군산도 해상관광 | www.sunyoudotour.com | 063-464-1919 | 010-7480-2050)
※평일 단체출항, 주말 성수기 매일 출항

캠핑 및 숙박
- 관리도 캠핑장 (kcamp.kr | 010-7369-0610)
- 또바기펜션 (m.blog.naver.com/ddobaki66 | 010-4725-2223)
- 관리도바다민박펜션 (goisland.modoo.at | 010-5407-5631)

관리도 야영장

025

방축도

미래가 기대되는 섬 여행의 다크호스

뒷장불

출렁다리

방축도

인어상

광대도

생끄미달샘   방축도 선착장

독립문바위   노적봉

독립문바위

지도에서 보면 고군산도의 가장 위쪽에 4개의 섬이 나란하게 늘어서 있음을 알 수 있다. 옛사람들은 그 섬들이 사나운 북풍으로부터 군도를 지키는 방패막이 역할을 한다고 믿었다.

4개의 섬 중에 가운데에서 가장 중요한 역할을 하는 섬의 이름을 방축도로 불렀다. 방축도는 면적 2km²를 간신히 넘는 작은 섬이다. 산악동호회는 물론 개인 트레커들도 방축도를 몇 시간이면 넉넉하게 걸을 수 있는 섬으로 여겨왔다. 갯바위에서 밤낚시를 즐기는 낚시꾼이 아닌 다음에야 그 누구도 하루를 머물다 갈 만한 섬으로 생각하지 않았다. 그런데 백패커들이 차츰 섬을 찾아가면서 기류가 변하기 시작했다. 방축도는 마을에서 운영하는 펜션과 캠핑데크를 준비했고 꽤 많은 여행 후기가 방축도를 이야기했다. 최근 방축도를 기점으로 명도 말도까지 이어지는 해상인도교가 완공됐다. 무인도인 보농도, 광대도를 포함해 섬과 섬을 잇는 14km 명품 트레킹 길이 생겨난 것이다.

방축도에는 기막힌 비경이 하나 숨어있다. 일명 독립문바위 혹은 구멍바위로 불리는 이것은 수많은 섬에서 보았던 것과는 차원이 다른 규모와 형태를 하고 있다. 썰물 때 가파른 절벽을 타고 내려가야 가까이 볼 수 있는 독립문바위 하나를 촬영하기 위해 사진작가들은 먼 길을 마다하지 않는다. 섬은 때가 묻지 않은 인자하고 후덕한 심성을 가지고 있다. 방축도는 이제 곧 숙소나 식당들을 포함한 여행인프라가 단단해질 예정이다. 해상인도교가 완성되면서 걷기 여행자들의 관심과 주목을 받을 것이 뻔하기 때문이다.

캠핑

여객선

군산항연안여객터미널 → 방축도
- 하루 1회 운항 | 2시간 30분 소요

장자도여객터미널 → 방축도
- 평일 하루 2회, 주말 하루 3회 운항 | 10분 소요

📷 PHOTO SPOTS

독립문바위

뒷장불 부근의 절벽 아래 바닷가에 있다. 접근하려면 가파른 절벽을 조심스럽게 내려가야 한다. 독립문바위는 길이 56m, 높이 9m의 대형 시 아치다. 구멍의 크기도 좌우 5m 정도로 밀물 때는 작은 배 하나가 지나갈 수 있을 정도다. 해안침식 지형의 결정판 독립문바위는 썰물 때 온전한 모습이 드러나니 촬영을 위해서는 물때를 잘 살펴야 한다.

📷 PLACE TO VISIT

뒷장불

뒷장불은 방축도 북서 끝 해안과 무인도인 광대섬 사이의 해변을 말한다. 두 섬은 이미 광대도교란 구름다리로 연도 되어있다. 썰물 때 물이 완전히 빠지면 뒷장불 해안에서 광대섬을 지나 명도까지 400m 구간의 육계사주가 드러난다. 또한, 천연기념물 326호인 검은머리물떼새와 가마우지의 서식처로도 알려져 있다.

달샘과 동백나무 숲

방축의 쌩끄미마을에는 오래된 우물과 동백나무 숲이 있다. 2009년도에 전라북도가 실시한 '참살기 좋은 마을 가꾸기사업'에서 쌩끄미마을은 가뭄에도 마르지 않는다는 이 우물(달샘)을 복원하고, 동백나무숲을 조성한 결과 최우수상을 받았다. 현재는 달샘을 장식했던 지붕과 항아리를 걷어내고 뚜껑을 덮어 보존하고 있다.

독립문바위

ACTIVITY

 트레킹
(6.5km | 3시간 30분 소요)

당일 여행이라면 종주에 도전해봄 직하지만 여유가 있다면 코스별로 나눠 걸어도 좋다.

5개의 코스 중 특히 해수욕장 선착장에서 출발, 용못까지 이어지는 산속길만큼은 꼭 걸어봐야 한다. 길 양편의 키 큰 나무들이 발산하는 피톤치드가 끈적이는 피부와 여행의 피로를 말끔히 씻어 주기 때문이다.

동쪽의 섬끝 전망대를 먼저 탐방하고 왔던 길을 되돌아 서쪽 끝의 광대도까지 걸어야 섬 전체를 종주하게 된다. 하지만 섬끝 전망대를 포기하고 거리와 시간을 단축해도 나쁘지 않다. 선착장에서 방축끄미, 쌩끄미, 모래끄미(여기서 끄미는 마을이라는 뜻)를 지나 뒷장불 전망대와 독립문바위를 보고 돌아오면 된다. 해안길은 정비가 되지 않아 물때에 따라 위험할 수 있으니 주의해야 한다.

■ 방축도선착장–인어공주상–능선삼거리–섬끝전망대–능선삼거리–통신기지국(정상)–뒷장불전망대–독립문바위–뒷장불전망대–선착장

 캠핑

뒷장불 전망대 부근 마을교육회관 앞에 4개의 데크가 설치돼있다. 교육회관은 펜션으로 데크는 캠핑장으로 만들어져 마을에서 직접 운영할 계획이었으나 관리가 어려워 방치된 상태로 남아있다. 그러나 향후 트레킹 코스 곳곳에 캠핑장은 물론 해안 탐방로, 휴게소 · 화장실 등의 시설이 조성될 예정이다.

🍴 FOOD

섬 내에는 식당이 없다. 장자도에서 여객선이 다니기 시
작한 후에는 몇몇 민박들도 폐업하거나 비수기에는 영업
을 하지 않아 식사를 기대할 수 없다. 방축도는 질 좋은
더덕이 많이 난다. 마을 내에는 더덕주를 담가 판매하는
집이 있다. 시음도 가능하다.

📞 REFERENCE SITE & PHONE NUMBER

주요 기관 & 여행 안내
- 군산시 문화관광 (www.gunsan.go.kr/tour)

교통
- 군산경찰서 방축도초소 (063-463-4836)
- 새만금유람선 (www.sunyoudotour.com | 063-464-1919, 010-7480-2050)
  ※ 고군산도 해상관광, 평일 단체출항, 주말 성수기 매일 출항

생끄미 달샘

해안산책로

전망대

026

비안도

훌쩍 떠나 나를 잊어볼까?

노구봉

저수지

캠핑장

비안도

방파제

해변데크길

망아정

비안도초등학교

선착장

남봉산

비안도는 신시도와 변산반도를 잇는 새만금방조제 서쪽 6km 지점에 있는 작은 섬이다. 섬은 2019년이 돼서야 여객선 재취항의 숙원을 이뤘다. 작은 여객선 한 척 취항하는 것이 뭐가 그리 어려웠는지, 20년에 가까운 세월을 보내고야 정원 12명의 12톤급 여객선, 비안두리호가 주민과 여행객을 실어 나르게 된 것이다

비안도는 해발 190m가 채 안 되는 노구봉과 남봉산을 중심으로 완만한 지형을 가지고 있다. 하지만 주민들은 농사보다는 어업에 몰두해 살아간다. 초여름에는 꽃게, 쭈꾸미를 잡아야 하고 가을이 되면 김 양식에 매달려야 하니 하루하루 쉴 틈이 없는 삶이다.

널찍한 잔디운동장에 울타리 너머로는 바다를 펼쳐둔 예쁜 초등학교가 있다. 하지만 2021년 마지막 학생을 졸업시키면서 비안도 초등학교는 77년 만에 문을 닫게 되었다. 여행의 의미가 그곳을 보는 것이라면 비안도는 그 뜻에 충실한 섬이다. 부지런한 그들만의 삶도 있고 섬이라서 받아들여야 하는 숙명도 존재한다.

동쪽 해안에서 섬의 의미를 찾았다면 이제는 즐거움을 들여다볼 차례다. 학교 운동장을 가로지르거나 길을 따라 섬을 반 바퀴 돌면 반대쪽 해안이 나타난다. 서쪽 해변은 온통 몽돌 천지다. 울퉁불퉁한 몽돌 위에는 데크 탐방로가 길게 놓여있다. 여행객이나 마을 주민이 한가로이 산책을 즐길 수 있도록 2012년 행정자치부 '찾아가고 싶은 섬' 가꾸기 사업으로 설치된 시설이다.

남쪽 끝에는 '망아정'이라는 퍼걸러가 외로이 서 있다. 사방으로 바람이 트이고 시야에 막힘이 없어 낮잠을 자거나 사색에 빠지기에 그만이다. 또한, 주변으로 갯바위나 선상 낚시를 즐기는 사람들을 쉽게 목격할 수 있다. 비안도에도 잘생긴 캠핑장이 있다. 깨끗한 시설에 환경 또한 그만이다. 비교적 관광객이 많이 찾아드는 섬이 아니기에 자연은 자연답게 남아있다. 별빛과 반딧불, 풀벌레 소리가 생생하다.

캠핑

TRAFFIC

여객선
가력도항 → 비안도

- 하계 하루 4회, 동계 하루 3회 운항 | 15분 소요
- 정원 14명의 소형여객선으로 주말과 휴가철에는 혼잡 예상
- 가력도항 무료주차

 **PHOTO SPOTS**

비안초등학교
교사가 있는 곳에서 바라보면 초록의 학교운동장은 곧장 바다와 연결된 듯한 느낌이 든다. 특히 가을철 좋은 날씨에는 색과 공간미가 있는 멋진 사진을 담을 수 있다.

일출, 일몰
야영장에서는 울창한 나무 때문에 해변과 낙조 조망이 어렵다. 대신 해변데크길은 어느 곳에서든 멋진 낙조가 조망된다. 또한, 마을 앞에서는 두리도를 배경으로 일출을 기대할 수 있다.

 ACTIVITY

 트레킹

초등학교 뒤편으로 넘어가 해변데크길을 걷고 크게 섬을 한 바퀴 돌아 마을로 돌아오는 코스는 부담 없는 산책길 수준이며 가장 보편적으로 섬을 걷고 느끼는 방법이다.

마을, 해변 트레킹 (3.8km | 1시간 30분)
선착장-구선착장(비안도항)-초등학교-해변데크-망아정-야영장-저수지-전우실업-마을앞-어촌계회관-선착장

섬 종주 (9km | 4시간)
선착장-옹달샘-초등학교-만금정-산성-남봉산-용궁해변-쉼터-해변데크-저수지길-노비봉-마을-선착장

캠핑

캠핑장은 해변 위, 산 중턱에 있다. 2,000m² 부지에 데크사이트, 화장실, 샤워장이 설치돼있지만, 성수기를 제외하면 관리가 부실한 편이고 대신 무료로 이용할 수 있다. 마을 내 슈퍼에서 식수나 주류, 라면 등은 구입이 가능하며 그 외의 식재료는 준비해서 들어오는 것이 좋다.

비안도초등학교

FOOD

섬 안에는 식당이 없다. 대신 마을 내 작은 슈퍼를 통하면 섬에서 나는 해산물들을 살 수 있다. 또한, 인심이 좋아 미리 부탁하면 식사도 가능하다. 해산물이 풍부한 섬이라 민박집 밥상도 수준급이다.

STAY

두 곳의 민박이 있지만, 휴가 시즌이 되면 그 수가 좀 더 늘어난다. 민박 정보는 어촌계장이나 슈퍼를 통해서도 얻을 수 있다.

REFERENCE SITE & PHONE NUMBER

주요 기관 & 여행 안내
- 비안두리호 선장 (이만근 010-5548-9768)
- 어촌계장 (063-465-4930)
- 비안도 이장 (063-466-9559)

음식 및 숙박
- 슈퍼 (010-7451-3132)
- 해촌민박 (063-462-3659)
- 비안도 민박 (063-463-5022)

마을풍경

망아정

해안데크길

낙조

027 어청도

중급 섬 여행 필수 코스

어청도 등대

팔각정 쉼터

공치산

목넘쉼터

안산

당산쉼터

봉수대

검산봉

어청도

독우산

어청도는 군산항에서 서쪽으로 72km 떨어져 있으며 쾌속선을 타고도 2시간이나 가야 하는 먼 섬이다. 바람막이 역할을 하는 말굽 모양 산줄기의 가장 깊은 곳에 자리한 어청도항은 국가1급대피항이며 서해어업전진기지다. 또한, 섬 내에는 해군기지가 있다. 어청도의 자랑거리는 뭐니 뭐니 해도 등대다. 1912년 일제에 의해 세워진 어청도등대는 우리나라 등대 15경 중에서도 아름답기로 단연 손꼽히는데 여행객들이 섬을 찾아온 목적의 반이며 사진작가들의 출사지로도 유명하다.

어청도는 일제강점기 시절 일본인촌이 형성되었던 섬이다. 또한, 60~80년대 초까지도 고래잡이 등으로 번성했고 풍랑이 거센 날이면 항구로 모여든 배들로 인해 섬 안의 술집과 식당 등은 불야성을 이뤘다. 그러나, 영화롭던 시절의 흔적들은 점차 사라져 지금은 거의 남아있지 않다.

어청도의 탐방길은 남녀노소 누구나 쉽게 걸을 수 있다. 총 4코스로 나누어진 '어청도 구불길'은 마을을 지나거나 해안을 따라 편안하게 이어져 있다. 산길 역시 능선만 올라서면 그만이다.

섬의 자연과 역사를 이해하는 데는 걷는 것만으로도 충분하다. 어청도는 내로라 하는 낚시의 섬이다. 섬 주변은 예로부터 황금어장으로 통했다. 밤이 되면 각 식당에 모여든 낚시꾼들이 저마다의 무용담을 늘어놓기에 바쁘다. 해산물이 풍족하니 백반 상 위에도 큼지막한 생선 한 마리는 기본이다.

한반도 지형

🚢 TRAFFIC

여객선

군산항연안여객선터미널 → 어청도항

- 평일 1회, 주말 2회 운항 | 2시간 40분 소요

어청도 조형물

🖼 PLACE TO VISIT

봉수대

이동통신사 중계탑과 레이더기지 사이에 자리하고 있다. 지금의 봉수대는 당산 가장 높은 봉우리에 있었던 것을 평편한 자리로 옮겨 원형을 복원시켜 놓은 것이다. 왜구들의 침입을 막고 인근을 지나는 배들의 길잡이가 되어주기 위해 설치했다.

치동묘

어청도 마을 중앙에 있는 제나라 전횡 장군을 모시는 사당이다. 전횡은 그의 주군 항우가 전쟁에 패해 자결하자 부하 500명을 이끌고 바다로 탈출하게 된다. 망망대해를 전전하다 외딴 섬에 닿자 어청도란 이름을 지어 머물렀다는 설화가 전해진다. 어청도는 안개를 뚫고 솟은 푸른 섬이란 뜻이다. 인근 외연도에도 전횡 장군의 사당이 있다.

신흥상회

선착장 바로 앞에 있는 신흥상회는 슈퍼 겸 민박이자 매표소의 역할도 한다. 상품도 비교적 다양하며 수제 빵과 커피도 판매한다. 부부가 운영하는 이곳은 처음 섬을 찾아온 사람들에게는 여행자 센터와 같은 곳이다. 민박과 식당 소개는 물론 낚시 포인트는 어디인지 그리고 어청도의 명물 등대로 가는 코스에 관한 친절한 안내를 받을 수 있다. 또한 '어청도관광안내' 리플릿을 비치하는 등 섬에 대한 정보와 자료를 제공하고 있다.

📷 PHOTO SPOTS

어청도등대

어청도등대는 항로표지관리소 내 바다 쪽 별도의 공간에 자리하고 있다. 빨간 지붕과 아치형 미닫이문을 가진 등대는 그 모습만으로도 아름답지만, 등대로 이어지는 좁고 낮은 돌담길과 등대 울타리를 함께 담아야 더욱 근사하다. 서쪽 바다를 향해있는 등대를 피사체로 일몰 사진을 촬영하면 작품이 된다. (삼각대는 필수, 타임랩스 영상도 도전해보자)

공치산 한반도지형

공치산 정상에서 해막넘쉼터로 내려오며 동쪽 섬 능선을 바라보면 영락없는 한반도 지형이 나타난다. 여름에서 가을 사이 섬 비탈을 따라 지천으로 자생하는 노랑원추리 군락도 눈요깃감이다. 그리고 건너다보이는 섬이 바로 외연도, 섬에서 섬, 전북의 먼 섬에서 충남의 먼 섬을 바라보는 여행자의 감회가 절묘하다.

사랑나무

어청도초등학교 옛 교문을 지키는 두 그루의 향나무다. 각각 옆으로 뻗어난 줄기가 중앙에서 만나 부둥켜안고 있는 모습을 하고 있어 사랑나무로 부른다. 2021년 학교가 폐교되고 아이들이 사라진 후 외로이 운동장을 지키게 됐다.

ACTIVITY

 트레킹

어청도구불길

- 1코스 등대길 : 선착장-마을-치동묘-사랑나무-팔각정-등대
- 2코스 안산넘길 : 선착장-마을-해안팔각정쉼터-해안산책길
- 3코스 샘넘쉼터길 : 팔각정-공치산-목넘쉼터-안산-샘넘쉼터-검산봉-돗대봉
- 4코스 전횡장군길 : 치동묘-사랑나무-팔각정-봉수대-당산-헬기장-선착장

종주 (9km | 4시간)
선착장-헬기장-봉수대-팔각정-등대-팔각정-공치산-검단산-농배-해안데크-마을-선착장

 캠핑

어청도는 전 지역에서 캠핑이 금지돼있다. 데크 전망대에서의 무분별한 텐트설치 및 취사가 일반 여행객들에게 민폐를 끼치고 또 화재, 쓰레기 문제가 야기되었기 때문이다. 단 텐트 없이 침낭과 비박색을 이용하거나 취사도구 없이 비화식으로 간단한 식사를 하는 것은 허용된다. 그러나 민박과 식당이 많은 어청도에서는 편하게 자고 먹으며 트레킹에 집중하는 것이 현명한 선택이다.

사랑나무

FOOD

해산물이 다양하게 생산되는 지역 특성상, 기본 백반의 반찬도 푸짐하고 가짓수가 많다. 식당별 음식 맛은 큰 차이가 없다. 치킨집이 한 곳 운영 중이며 성수기에는 선착장 바로 옆에 포장마차가 열린다.

- 창신호식당 (생선회 | 〈섬총사〉, 6시내고향 6897회)

STAY

숙소는 대부분 민박형태로 어청도항 주변에 분포돼있으며 단순하지만 깨끗하다. 식당과 함께 운영되는 경우가 많다.

섬 밥상

어청도 내항

농배

📞 REFERENCE SITE & PHONE NUMBER

주요 기관 & 여행 안내
- 군산시 문화관광 (www.gunsan.go.kr/tour)
- 어청도 이장 (010-4633-7009)

음식 및 숙박
- 신흥상회 (eocheongdo.com | 063-466-7117)
- 양지식당민박 (063-466-0607)

- 항구식당민박 (010-4618-0801)
- 창신호 (mihee9510.modoo.at | 010-9982-9510)
- 군산민박식당 (blog.naver.com/teck222 | 010-9963-1845)
- 은하수펜션 (010-7322-2477)
- 어청도민박 (063-465-3575)

028 위도

섬 여행의 시그니처, 고슴도치 섬

딴정육계사주

파장금선착장

정금도

서해페리호위령탑

정금교

위도해수욕장

위도전망대

위도

큰딴치도

논금해수욕장

위도의 상징은 고슴도치다. 위도를 여행해본 사람들은 해수욕장, 산, 문화, 역사, 먹거리, 섬 내 교통 등 모든 것을 다 갖춘 섬이 육지에서 불과 50분 거리라는 것에 감탄한다. 위도는 우리나라 섬 중에 덕적도와 많이 닮았지만 크기는 반, 육지와의 거리도 반만큼 짧다.

홍길동이 꿈꿨던 이상향은 위도를 모델로 했고 심청이가 몸을 던졌던 인당수도 위도 해역이라 했을 만큼 위도는 전설이 많은 섬이다. 엽전으로 정금도까지 다리를 놓으려 했다는 안동 장씨 이야기도 재미있다.

위도해수욕장은 육지 사람들에게 위도를 알린 대표적 관광 스폿이다, 한여름 휴가철에 북적이던 피서객들을 걷어내면 정말 곱고 오붓한 해변 하나가 불쑥 등장한다. 그만큼 위도해수욕장은 한적한 계절에 눈으로만 즐겨도 행복해지는 아우라를 가졌다. 위도에는 금(金)이라는 끝말이 붙은 지명이 많다. 금이라는 것은 일반적으로 만입 된 해안의 형태로 '곶'과는 반대되는 지형을 뜻한다. 섬의 일주도로는 해안에 매우 근접해있다. 파장금, 벌금, 살막금, 도장금이 차례를 기다려 선을 뵌다. 선착장을 벗어나는 순간 '자전거'가 떠오른다. 거리도 적당하고 무엇보다 달려가는 내내 시야에서 바다가 벗어나지를 않는다. 그래서 위도는 라이딩에 특화된 섬이라 한다. 주어진 시간이 넉넉하다면 5개의 트레킹 코스로 나뉜 그 길을 따라 마냥 걸어도 좋다.

위도는 칠산바다에 속해있어서 예로부터 조기가 많이 잡혔다. 이곳의 조기는 품질이 좋아 임금님께 진상되었는데 칠산바다에 사는 용왕에게 만선과 행복을 빌었다는 띠뱃놀이(중요무형문화재 제82-3호)는 여전히 섬의 주요 행사로 계승되고 있다. 빨간 상사화는 섬의 곳곳에서 많이 볼 수 있는 꽃이다. 그런데 위도에는 하얀 상사화도 자란다. 위도상사화라는 이름을 가진 이 꽃은 세계에서 유일하게 위도에서만 핀다. 초가을은 온 섬에 상사화가 만발하는 시기다. '고슴도치섬 달빛 보고 밤새 걷기 축제'가 다시 열린다면 한 번쯤 참석해볼 일이다.

위도 8경

내원모종(內院暮鐘) 아침저녁으로 울려 퍼지는 내원암의 종소리

정금취연(井金炊煙) 위도와 연도되기 전, 정금도 굴뚝에 모락거리는 밥 짓는 연기

망봉제월(望峰霽月) 위도에서 가장 높은 망월산에 보름달이 떠오르는 모습

식도어가(食島漁歌) 위도와는 2km 떨어져 있는 식도에서 어부들이 부르는 풍어가

봉산출운(鳳山出雲) 높이 180m 봉수산 중턱에 걸린 구름

선소귀범(船所歸帆) 위도 앞 칠산바다에서 돛단배가 만선의 깃발을 흔들며 돌아오는 모습

왕등낙조(旺嶝落潮) 위도에서 바라본 왕등도 일몰

용연창조(龍淵漲潮) 위도의 큰 마을 진리 앞바다의 만조 광경

낙조 전망대

여객선
격포여객선터미널 → 위도파장금항

- 하루 6회 운항 | 50분 소요
- 성수기 요금 할증

🖼 **PLACE TO VISIT**

정금도
정금도는 벌금마을 앞에 있는 또 하나의 섬이다. 위도 8경 중 '정금취향'이 바로 이곳의 정취를 찬양한 말이다. 본 섬과는 오래전 다리로 연도되어 차량이나 도보로 건너갈 수 있다. 갯벌과 백사장 그리고 작은 동산과 초지를 모두 갖추고 있어 둘러보는 재미가 있다. 마을 내 몇 안 되는 가옥들은 민박이나 펜션을 업으로 한다.

대월습곡
대월습곡은 백악기 이후에 형성된 횡와습곡으로 강한 지각판 이동의 결과물이다. 지름 40m 규모로, 마치 샌드위치를 둘둘 말아 반으로 잘라낸 듯한 모습을 하고 있다. 오래 전, 위도 사람들은 이것을 큰 달(大月)이라 불렀다.
지질학적으로 학술적 가치가 높고 경관 또한 매우 아름다워 2023년 천연기념물로 지정됐다.

위도해수욕장
우리나라의 대표적인 낙조 캠핑장이며 주변에 주차장과 숙박시설 등 편의시설이 잘 갖춰지고 가족 단위로 이용하기에 적합하여 정부에서 권장하는 해수욕장 25곳 중 하나로 선정되었다.
해변의 풍광이 뛰어나고 1km에 달하는 백사장의 모래질이 곱고 깨끗해 물놀이에도 그만이다.
코로나19 전에는 매년 평균 25만 명의 피서객이 다녀갔다.

내원암 배롱나무
내원암은 고창 선운사의 말사로 지금부터 800여 년 전 창건된 암자다. 하지만 현재 암자에서 가장 오래된 것은 수령이 300년 되었다는 배롱나무다. 꽃이 피면 100일 동안 피고 진다는 백일홍의 아름다운 모습을 겨울에는 볼 수 없다. 하지만 꽃과 잎을 떨군 배롱나무의 자태만으로도 수많은 계절을 묵묵히 견뎌 온 의연함을 읽을 수 있다.

큰딴치도
외치도라고도 한다. 소나무, 감탕나무 등이 군락을 이루고 '닭의난초' 등이 자라는 등 식생이 우수하고 자연환경이 아름다워 특정 도서(도서지역의 생태계 보전에 관한 특별법)로 지정되어 있다. 바닷물이 들고 남에 따라 위도 치도리와 이어지고 때론 다른 섬이 되기도 한다.

위도 해수욕장

위도 전망대

위도 전망대는 위도팔경 중 하나인 왕등낙조를 조망하기 위한 시설이다. 전망대에서 바라보면 서쪽 바다의 수평선 위로 두 개의 섬이 보이는데 상왕등도와 하왕등도다. 해가 떨어지는 지점이 계절별로 일치하지 않는다. 먼 섬의 낙조는 화려함보다 쓸쓸함이 느껴진다. 조형물은 **돛배**를 상징하며 벤치에 앉아 편안하게 낙조를 기다릴 수 있다.

딴정금 육계사주

정금도 북쪽 끝에는 딴정금이라는 아주 작은 무인도가 있다. 마을 내 펜션 '언덕위의하얀집'을 들머리로 숲을 따라 10여 분 걸어가야 한다. 밀물 때 잠기고 썰물이 되면 이어지는 육계사주는 고운 몽돌로 이뤄져 있다. 위도에 기항했던 여객선이 이웃 섬 식도를 오갈 때 카메라에 담으면 이어진 몽돌 위로 배가 떠 있는 듯한 낭만적인 사진을 얻을 수 있다.

치도리 날마통

깊은금과 미영금의 사이의 해안도로 구간에서 북쪽을 바라보면 서쪽 바다를 향해 길게 돌출된 곳이 목격된다. 파란 바다 한가운데서 두 개의 섬을 잇는 듯한 해변의 모습은 해외의 유명 휴양지를 연상시킨다. 해변의 위쪽에 보이는 풍차와 예쁜 건물들은 펜션과 그에 딸린 시설물이다. (가까이 가서 보는 것보다 멀리서 보는 것이 훨씬 더 아름답다.)

대월습곡

ACTIVITY

 트레킹
위도 고슴도치길

- 제1코스 (5.1km | 1시간 20분)
위도선착장-시름-서해훼리호위령탑-위도중고
교-개들넘길-시름교-시름
- 제2코스 (4.4km | 1시간 10분)
진리-치도-개들넘교-개들넘길
- 제3코스 (7.8km | 2시간)
진리-벌금-위도해수욕장-깊은금해수욕장-치
도리
- 제4코스 (5.2km | 1시간 20분)
치도-깊은금해수욕장-미영금해수욕장-논금해
수욕장-전막리
- 제5코스 (3.8km | 1시간)
치도-소리-대리-전막리

 등산

- 1코스 (5km)
위령탑, 시름-망월봉-도제봉-진말고개-위도해
수욕장
- 2코스 (7km)
위도해수욕장-진말고개-치도-망금봉-전막
- 3코스 (5km)
전막-내원암-망금봉-도제봉-망월봉-위령탑,
시름
- 4코스 (2km)
위령탑, 시름-파장봉-방파제

 캠핑

위도는 백패킹, 차박, 오토캠핑 등 어떤 형태의
캠핑도 만족스럽게 이어갈 수 있는 섬이다. 섬이
걸어서 이동하기에는 큰 편에 속하고 차량운임도
저렴한 편이라 (준중형 편도 18,000원) 가족 단위
라면 차를 가지고 입도하는 편이 유리하다. 위도
해수욕장의 캠핑장은 사이트별 구획이 정해지지
않은 노지다. 별도의 주차장이 있고 캠핑장비를
옮겨야 하는 부담이 있으니 되도록 단출한 장비
가 편하다. 비수기에는 깊은금, 미영금, 석금방파
제 등 해변에 차박지가 많이 노출되므로 일단 섬
을 한 바퀴 돌아보는 것도 방법이다. 진리에 하나
로마트가 있지만, 저녁 일찍 문을 닫는다. 또한,
선착장 부근의 슈퍼들은 상품의 가짓수가 매우
적다. 그리고 주유소가 없다.

 라이딩
(22km | 2시간30분)
위도선착당(파장금항)-서해훼리위령탑-위도중
고교-삼복슈퍼-벌금항-위도해수욕장-깊은금해
수욕장-미영금해수욕장-논금해수욕장-전막리-
대리(위도띠뱃놀이전수관)-치도리-개들녘삼거
리-시름-파장금항

🍴 FOOD

섬 곳곳에 식당들이 산재해있으나 반 이상은 생선회를 주메뉴로 한다. 대체로 백반류는 평범한 수준이다. 여객선터미널의 매점을 통하면 섬에서 나는 해산물을 값싸게 구입할 수 있다. 성수기에는 선착장, 진리, 벌금에 생선회를 전문으로 떠주는 집이 한시적으로 생겨난다.

미영금 앞에 있는 '그곳에 가면'은 직접 잡은 큼지막한 꽃게를 넣어 라면을 끓여준다.

- 그때그집 : 바지락죽/붕장어톳국 (6시내고향 6327회)
- 서해식당 : 해물한상 (모닝와이드 7497회)

🏢 STAY

섬 내에는 펜션 30곳, 민박 50여 곳이 있다. 펜션은 주로 전망 좋은 바닷가 근처에 고루 분포되어있으며 일부는 규모도 크고 고급스러운 시설을 자랑한다. 민박은 선착장, 진리. 대리, 치도리 등 대부분 마을 내에 집중되어있다. 시설은 다소 부족한 점이 있지만, 섬 특유의 정감 어린 분위기와 주민들의 인정을 듬뿍 느낄 수 있다.

2022년 개장한 '위도 치유의 숲'은 치유센터와, 숲속의집 4동, 무장애데크길, 치유의 숲길 5개 코스를 갖춘 힐링공간이다.

내원암 배롱나무
꽃게라면

띠뱃놀이 전수관
위도 선착장 마스코트

REFERENCE SITE & PHONE NUMBER

주요 기관 & 여행 안내

- 부안군청 (www.buan.go.kr)
- 벌금어존계 (063-583-4013)
- 위도면사무소 (063-580-3762/3764)
- 위도매표소 (063-581-7414, 063- 581-0122)
- 식도매표소 (010-3678-4313)
- 위도 치유의 숲 (www.buan.go.kr/wido | 063-580-1234)

음식 및 숙박

- 서울식당 (063-583-4146)
- 위도반점 (063-583-8885)
- 환영반점 (063-584-5482)
- 그곳에가면 (063-582-2630)
- 그때그집 (graegzip.modoo.at | 063-583-1538)
- 서해식당 (063-581-7775)
- 청해횟집펜션 (010-3076-0922)

- 날마펜션 (www.날마펜션.kr | 063-583-0949)
- 위도이야기펜션 (www.widostory.com | 010-2014-9993)
- 위도깊은금핀란드펜션 (cafe.daum.net/gipeungold | 010-2014-9993)
- 위도빌리지 (widovillage656.modoo.at | 063-581-7790)
- 위도바다펜션 (www.widobada.com | 063-584-8719)
- 위도스케치펜션 (위도펜션.kr | 010-4353-4055)
- 쉐백 (063-584-7000)
- 위도고래바위펜션 (blog.naver.com/kij6809 | 010-2651-5507)
- 어울림펜션 (blog.naver.com/bright_ocean | 010-5240-7171)
- 다사랑민박 (010-5576-2373)
- 하나민박 (063-583-3845)

딴정금 육계사주

029 상왕등도
오지를 갈구하는 섬 여행자라면

상왕등도

등대

담수장

발전소

상왕등도 선착장

터널바위

변산반도 격포에서 32km 떨어진 지점에 있는 왕등도는 사람이 사는 하왕등도와 상왕등도, 그리고 3개의 무인도로 이뤄져 있다. 격포여객선터미널에서 위도를 왕래하는 여객선이 일주일에 두 차례만 왕등도까지 항로를 연장 운항한다. 그 때문에 혹시라도 기상이 안 좋아 결항이 된다면 최소 일주일을 오롯이 갇혀 있어야 하는 여행의 부담이 큰 섬이다.

격포에서 위도까지는 한 시간, 위도에서 왕등도까지는 다시 한 시간이 소요되는데, 배의 출렁임이 커지면서 먼바다에 들어섰음을 실감하게 된다.

여객선은 하왕등도에 잠시 기항 후 시계방향으로 돌아 다시 상왕등도에 멈추어 선다. 하왕등도는 선착장 부근의

선착장 일출

가옥 네다섯 채를 제외하면 거의 무인도와 다름없는 섬이다. 섬 주변은 유명한 출조지여서 때를 가릴 것 없이 많은 낚싯배가 출몰한다.

상왕등도에는 10여 가구가 산다. 대개는 어업에 종사하거나 민박집을 차려 낚시꾼들을 맞는다. 면적은 0.57km²에 불과하지만, 사람의 발길이 뜸한 섬은 온전한 자연의 모습이 남아있어 여느 유명 섬과는 또 다른 정취를 준다.

흙과 나뭇잎의 감촉이 푹신하게 느껴지는 산행길은 등대까지 이어진다. 비록 긴 코스는 아니어도 야생 염소가 자유롭게 뛰어놀고 시원한 바다가 시야 가득 펼쳐지는 아름다운 길이다.

상왕등도에는 신우대가 유난히 많아 섬의 남쪽으로는 산을 뒤덮고 빼곡한 숲을 이룬다. 과거 보리농사를 지었던 섬 주민들이 방풍을 목적으로 심었던 것인데, 사람들이 하나둘 섬을 떠나고 방치되면서 결국 밭터 대부분이 신우대 차지가 된 것이다. 해안 또한, 볼거리가 많다. 커다란 바위들은 제각각의 특색있는 모습을 지니고 있다. 오랜 시간에 걸친 지각변동, 그리고 바람과 파도의 침식으로 만들어진 기막힌 조형물들이다. 육면체의 바위 위에 바위를 얹어 놓은 듯한 모습의 방상절리가 있는가 하면, 모진 파도는 커다란 바위에 구멍을 내고 초록의 신비한 빛을 그 속에 띄워 놓았다.

상왕등도는 여정을 계획하기가 쉽지 않은 섬이다. 평일 시간도 내어야 하고 날씨도 신중하게 살펴야 한다. 하지만 가깝고 편하게 다녀올 수 있는 섬이 싫증이 날 무렵이라면 한 번쯤 도전해봐도 좋겠다. 거칠고 투박한 만큼 섬 본연의 맛을 한껏 느껴볼 수 있을 테니까.

🚢 TRAFFIC

여객선
격포여객선터미널 → 상왕등도

- 주 2회(매주 화, 목) 운항 | 1시간 50분 소요
- 하루 전날 격포에 도착한다면 인근 고사포해수욕장 캠핑장에서의 하룻밤을 고려해봄 직하다.

🖼 PLACE TO VISIT

무인 등대
등대만으로는 아름답다 할 수는 없지만, 240m 정상에서 내려다보면 동쪽으로는 위도와 그 너머 변산반도가, 남쪽으로는 안마군도가 또렷하게 조망된다.

터널바위
섬의 서쪽 해안에는 뚜렷한 시 아치(sea arch)지형이 나타나 있다. 파도의 침식작용으로 구멍이나 아치 형태를 이루는 바위는 규모도 크고 아름다우며, 물의 들고 남에 따라 색과 형태를 달리 연출한다. 주민들은 터널바위라 부른다.

📷 PHOTO SPOTS

담수장 앞 신우대 일몰
담수장에서 바라보면 서쪽 바다가 전면에 펼쳐진다. 마치 울타리처럼 늘어선 신우대를 피사체로 근사한 일몰 사진을 찍을 수 있다.

선착장 일출
위도 8경(위도가 자랑하는 8가지 비경) 중에는 '왕등 낙조'란 항목이 있다. 위도에서 바라보면 왕등도 너머로 지는 해가 아름답다는 뜻이다. 그렇듯 위도 사람들에게 왕등도는 하루의 끝을 상징하는 섬이다. 반대로 왕등도에서의 위도는 하루의 시작을 알리는 섬이다. 해뜨기 전 선착장 부근에 나가면 위도 너머로 펼쳐지는 신비한 빛의 조화가 일품이다.

마을 길

🎈 ACTIVITY

🚶 트레킹
(2km | 1시간)

담수장을 기점으로 무인 등대를 지나 능선 끝점까지 다녀와도 그 거리는 2km에 불과하다. 쉬엄쉬엄 산책 삼아 걷기에 좋은 코스다. 가끔 야생 염소가 나타나 길을 막기도 하지만 잠시 기다리면 알아서 피한다.

⛺ 캠핑

담수장 주변으로는 2단에 걸쳐 비교적 넓고 편평한 초지가 형성되어있다. 알파인텐트라면 7~8동은 넉넉히 설치할 수 있는 크기다. 부근에 수도 시설까지 갖춰진 데다 전면에 신우대 군락이 바닷바람을 막아줘 환경적으로도 나무랄 데가 없다.

방상절리

상왕등도 발전소와 그너머 하왕등도

FOOD

민박집 밥상

대개의 섬 민박집은 숙박 손님이 아닌 경우에는 밥을 제공하지 않는다. 하지만 상왕등도의 민박집은 다르다. 연중 낚시꾼들이 찾아오기 때문에 늘 음식 재료를 준비하고 있다. 특히 '상왕등도민박식당'은 매운탕과 간장게장이 특히 맛있다. 캠핑을 하더라도 한, 두 끼는 섬 밥상을 먹어보는 것도 좋다. 운이 좋으면 낚시꾼들이 잡아 온 생선회를 공짜로 얻어먹을 수도 있다(한 끼 10,000원).

거북손, 홍합

썰물이 되면 해변엔 바다가 내어놓은 자연산 먹거리들이 모습을 드러낸다. 해안의 바위틈으로 거북손 군집이, 바닷속에 있던 큼직한 토종홍합이 물 밖으로 고개를 내민다. 왕등도 홍합은 섬 어촌계에서 권한을 위임받은 업자가 채취해가고 남은 것들이라 더욱 크고 맛이 좋다.

STAY

4계절 꾸준히 손님을 받는 곳은 상왕등도민박식당 한 곳뿐이며, 마을 내에 운영 여부가 일정치 않은 민박이 있다. 노병엽 씨를 통하면 그때그때 숙소를 알아봐 준다.

해안 풍경

REFERENCE SITE & PHONE NUMBER

교통

- 격포여객선터미널 (063-581-1997)

음식 및 숙박

- 고사포야영장 (063-582-7808 | 국립공원 예약시스템 이용)
- 상왕등도민박식당 (노병엽 010-4143-0448)

캠핑

전남
영광군

송이도

낙월도

030 송이도

낚시나 해루질을 좋아하세요?

전망대

전망대

전망대

무장등 　송이도

송이저수지

왕산봉

왕소사
나무군락 　야영장

모래등 　송이도 해수욕장

내막봉 　선착장

예전 송이도 주민들은 같은 낙월읍에 속해있으면서 여객선이 하루 두 번 다니는 낙월도를 부러워했다. 그러다 그 소원이 이뤄진 것은 2017년 12월이 되어서다. 이로 인해 송이도 역시 하루 두 번 왕래할 수 있는 섬이 되었다.

송이도가 세상에 알음알음 알려지기 시작한 것은 누군가 해변 갯돌에 그림을 그려 인터넷에 올리기 시작한 후부터였다. 해변을 뒤덮은 납작한 갯돌들 그리고 그 위에 놓인 감성 돋는 데크길. '이렇게 예쁜 섬이 있었네.' 송이도의 첫인상은 그랬다. 해변은 선착장에 인접한 가옥들의 앞마당과 같은 느낌이다. 또렷한 경계도 없이 마을은 해변과 나란히 이어진다.

선착장에서 약 500m 떨어진 곳에는 휴가철, 피서객들을 위해 만들어놓은 야영장이 있다. 캠핑사이트는 지면과 나란한데도 텐트에 앉아 바다를 바라보기에 전혀 어색하지 않다. 커다란 느티나무 그늘에는 알파인 네, 다섯 동은 능히 들어갈 만큼 널찍한 데크도 설치돼있다. 보이는 곳이 전부라면 송이도는 그냥 아담하고 예쁘장한 섬이다. 송이도를 제대로 여행하기 위해서는 일단 걸어야 한다. 섬에는 총 세 개의 봉우리가 있다. 대개의 섬길은 봉우리 사이의 골짜기를 따라 능선을 넘고 각기 다른 해변으로 떨어진다. 가장 인상적인 낙조도 엄청난 크기의 모랫등도 그 능선과 해변까지 발품을 팔아야 만날 수 있다. 섬에서 하룻밤을 보내면 뜻하지 않은 선물이 찾아오기도 한다. 이른 아침 물이 빠진 야영장 앞바다가 바닥을 드러내면 섬에 사는 부녀자들이 모두 나와 바지락과 굴을 캔다. 돈 만 원이면 몇 사람이 날로 초장에 찍어 먹고 라면에 넣어 먹어도 될 만큼 푸짐한 양을 살 수 있다.

송이도 갯벌

TRAFFIC

여객선
영광 향화도 → 송이도
- 하루 2회 운항 | 1시간 30분 소요

PLACE TO VISIT

모랫등
섬에서 제일 높은 왕산봉과 마을 뒤편의 내막봉 사이, 임도 끝에 있는 해변이다. 물이 빠지면 송이도와 대각이도 사이에는 무려 4.5km의 모래 해변이 노출된다. 백합, 맛조개가 많이 나와 '맛등'이라고도 불리는 이곳은 백화새우와 참새우의 산란장으로도 알려져 있다.

왕소나무군락
마을 뒤편 산기슭의 저수지에서 내막봉 방향의 임도를 따라 1.5km 정도 내려오면 국내 최대 규모를 자랑하는 '왕소나무' 군락지(산림유전자원보호림)가 있다. 100여 그루가 넘는 왕소나무는 300~400년의 수령을 자랑한다.
※임도에 잡풀이 무성하기 때문에 긴 바지와 운동화를 신고 탐방해야 한다.

PHOTO SPOTS

무장등 낙조 전망대
무장등은 섬의 가장 북쪽에 있는 봉우리다. 이곳 능선에 있는 낙조 전망대에서는 안마군도의 큰 하늘을 붉게 물들이는 인상적인 해넘이를 감상할 수 있다.

몽돌해변
송이도의 몽돌은 유난히 하얀색을 띤다. 해수욕장이라기보다는 그냥 섬의 일부라는 느낌이 더 강하다. 몽돌해변은 마을의 앞마당처럼 보인다. 해변데크길과 바닷속까지 이어진 몽돌의 어울림 속에 여러 장의 그림이 있다.

송이도 낙조

트레킹
(12km | 4시간)

송이도 트레킹은 포장도로와 산길이 번갈아 이어
진다. 곳곳에 풍광 좋은 전망대가 있고 작은 해변
이 나타나 경치에 빠지다 보면 지체되기 일쑤다.
트레킹에 걸리는 시간을 넉넉히 잡는 것이 좋다.

■ 송이도선착장-몽돌해변길(해안데크)-야영
장-검은바위낚시터-헬기장-쉼터-능선-낙조
전망대-큰내끼몽돌해변-전망대-작은내끼몽
돌해변-정수장-맛등-왕소사나무군락지-송
이도선착장

캠핑

야영장은 큰 규모는 아니지만, 화장실과 개수대
시설을 갖춰놓아 불편함이 없다. 하지만 차박을
하기에는 선착장에서의 거리도 너무 가깝고 공간
도 마땅하지 않다. 성수기 휴가철에는 3만 원씩
의 야영비를 받지만, 그 외의 계절에는 무료로 이
용할 수 있다.

모래등

FOOD

송이도 맛조개는 크고 알이 굵어 샤브샤브의 재료로 쓰인다. 민박과 식당을 함께 운영하는 경우 숙박을 하지 않는 개인에게는 식사를 제공하지 않는다. (단 단체인 경우는 예약을 받는다.)
민박집 밥상은 백합, 동죽, 생선회 등의 메뉴에 따라 가격대가 달리 형성된다.
주민들이 돌게, 굴, 맛조개 등을 채취해서 판매하며 선착장에서 낚시하거나 맛등에서의 해루질로 직접 식량을 조달할 수도 있다.

- 송이도몽돌식당민박 (민어회/민어맑은탕/민어전 | 6시내고향 7110회)

STAY

객실 외에 족구장, 바베큐장, 수영장 등을 갖춘 대형 펜션과 민박들이 있다.
숙박시설을 통해 낚시, 해루질 등의 체험활동을 쉽게 경험할 수 있다.

송이도 돌게

📞 REFERENCE SITE & PHONE NUMBER

주요 기관 & 여행 안내
- 향화도 매표소 (061-353-4277)

송이도 야영장

음식 및 숙박
- 송이도친환경가족펜션 (www.songyido.com | 010-4620-0086)
- 송이섬펜션 (www.songido.com | 061-351-9114)
- 송이섬펜션식당 (www.songido.com | 010-8756-9114)
- 송이도몽돌식당민박 (061-352-3338)
- 송이어촌 민박&식당 (010-9116-8500)

몽돌해변 선착장

송이도 마을

송이도 해변

031 낙월도

장비가 부족해도 캠핑 Go!!

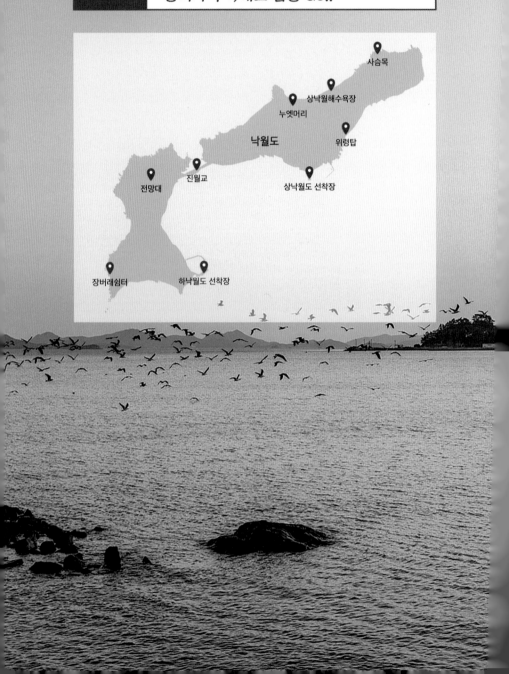

사슴목

상낙월해수욕장

누엣머리

낙월도

위령탑

전망대

진월교

상낙월도 선착장

장버래쉼터

하낙월도 선착장

신안군 임자도에 더 가깝지만 낙월도는 영광군에 속한 섬이다.

한때 새우잡이 어선(멍텅구리어선)의 근간으로 임자도의 전장포와 더불어 전국 새우젓 생산량의 50%를 차지할 정도로 황금어장을 이루던 섬이었다. 1987년 셀마 태풍 때 어선 12척이 난파되면서 선원 54명이 한꺼번에 목숨을 잃은 후, 비인간적인 노동착취의 사례라는 오명을 쓰고 역사의 뒤안길로 잊혀져갔다. 그러던 섬이 일반에 다시 알려지기 시작한 것은 갈마골이란 이름을 가진 상낙월의 해변 때문이었다. 전면에 백사장과 바다를 펼쳐둔 널찍한 잔디밭은 섬 해변에서 좀처럼 볼 수 없는 풍광을 자랑한다. 그러다 보니 새로운 장소를 찾아 헤매던 캠핑족들에 의해 명소로 회자하기 시작했다. 선착장에서 해변까지는 불과 500m 정도의 거리지만 차량으로 이동할 수 있어 최근에는 최고의 섬 차박지로도 인기몰이를 하고 있다.

낙월도는 원래 상낙월도와 하낙월도가 다리로 연결, 하나의 섬이 되면서 부르게 된 이름이다. 낙월도의 최고점은 해발 91m에 불과하다. 작은 언덕과 같은 능선을 걷다 보면 파란 바다가 따라오고 때로는 노을에 잠겨가는 섬 하늘을 만나게 된다.

갈마골캠핑

TRAFFIC

여객선

영광 향화도선착장 → 상낙월도

- 하루 3회 운항 | 1시간 소요

PLACE TO VISIT

위령비

낙월도는 과거 새우의 섬으로 불렸다. 국내 젓새우의 50%가 이 섬에서 생산될 정도였다. 1987년 태풍 셀마가 낙월도를 덮쳤을 때 부근에서 조업 중이던 12척의 배가 침몰하고 선원 53명이 희생되는 비극이 있었다. 이후 정부에서는 새우잡이의 주력선 멍텅구리배의 안전과 선원들의 인권 문제 등을 고려하여 1995년부터 강제 폐선 처리하였다. 상낙월도 월암정의 위령비는 비극의 무연고 희생자들을 위로하기 위해 세워졌다.

PHOTO SPOTS

선착장

선착장 방파제는 남쪽으로 길게 뻗어있다. 조석 간만의 차가 심해 물이 빠지면 큰 갯벌이 드러나 배를 접안하기 어렵기 때문이다. 선착장에는 두 개의 포토 포인트가 있다. 꽃게잡이를 마치고 돌아오는 어선들 그리고 갯벌에서 그것을 기다렸던 수많은 갈매기가 떼를 지어 비상하는 장면이다. 어둑해가는 저녁 무렵의 쓸쓸한 정서와 어우러져 기억에 남는 감성 사진을 얻을 수 있다.

일출, 일몰

상낙월도는 동서 방향으로 길게 누워있는 모습을 하고 있다. 따라서 섬의 어디서든 해돋이와 낙조를 조망할 수 있다. 낙조는 상낙월해변과 서쪽 능선길(누엣머리), 해돋이는 상낙월 동쪽 능선길(윗머리)에서 촬영하면 실패 확률이 낮다. 시간과 방향을 고려해서 트레킹을 하는 것도 지혜로운 방법이다.

낙월도 일출

트레킹
(11.5km / 4시간)

낙월도선착장에서 동쪽끝으로 이동 섬 능선을 타고 하낙월로, 그리고 일반도로로 회귀하는 코스다. 가파른 구간이 없고 시야가 트여 남녀노소 누구나 쉽게 걸을 수 있는 코스다.

- 상낙월선착장-위령지-윗머리-사슴목-상낙월해변-누엣머리-쌍복바위-진월교-낚시터-전망대-하낙월선착장-마을-진월교-면사무소-상낙월선착장

 캠핑

낙월도는 누가 뭐래도 캠핑에 특화된 섬이다. 때문에 낙월면사무소에서도 불편함이 없도록 화장실과 개수대를 정기적으로 관리하고 있다. 알파인 20동 정도가 동시 캠핑이 가능한 크기다. 캠핑장이 세간에 알려지면서 휴가철과 성수기 주말은 많은 캠퍼들이 섬을 찾아 들어온다. 때문에 차박을 하며 여유를 즐기려면 주중과 비수기 주말을 이용하는 것이 합리적이다. 선착장 부근에 슈퍼가 한 곳 있다.

선착장

낙월도 트레킹

갈마골해변 캠핑

🍴 FOOD

공식 식당은 없지만, 민박집에 식사를 예약하면 때에 맞춰 식사할 수 있다. 민박 밥상은 정성스럽고 맛이 좋아 먹어 본 사람들을 통해 입소문이 났을 정도다. 선착장 부근에는 진달래식당에선 커피나 국수 또는 간단한 튀김류를 판다. 그리고 간혹 섬에서 나는 해산물도 취급한다. 하지만 상시적으로 운영하는 시설은 아니니 높은 기대는 금물이다.

🏛 STAY

펜션이 한 곳 나머지는 모두 민박이다. 이름 없이 민박이라는 표지판에 전화번호만 적혀 있는 경우가 많다. 규모가 크지 않아 단체보다는 가족 단위 이하의 여행객에게 적당하다.

📞 REFERENCE SITE & PHONE NUMBER

주요 기관 & 여행 안내
- 낙월면사무소 (061-350-5983)

음식 및 숙박
- 낙월도펜션 (010-9690-4442)
- 큰멀민박 (김미순 010-3064-3430)
- 상낙월 김춘자 민박식당 (010-2944-6718)
- 하낙월 장영진 (010-9273-3172)

위령탑

상낙월

상낙월하낙월 연도교

전남
신안 · 목포

032 임자도

다리를 건너 축제의 섬으로

새우젓토굴

대광해수욕장

조희룡미술관

서울염전

신안튤립공원

임자대교

재원도

임자도

수도

지도

진리선착장

조희룡유적지

어머리해변

용난굴

임자도는 면적이 40km², 해안선 길이만 81km에 달하는 큰 섬으로 신안군의 섬 군락 가장 북쪽에 위치한다. 얼마 전까지 지도읍 점암선착장에서 여객선을 타고 들어가야 했지만 2021년 3월 다리가 놓이면서 차량으로 왕래할 수 있는 섬이 되었다. 임자도의 튤립축제는 신안군에서 가장 큰 축제 중 하나다. 매년 축제가 열리는 대광해수욕장은 길이 7.5km, 폭 300m에 달하는 우리나라에서 가장 큰 해수욕장으로 안전함과 친환경적임을 인증받아 '블루 플래그 국제해변'에 선정되기도 했다. 임자도의 해안에는 크고 작은 모래 해변이 많다. 잘만 살피면 자연 그대로의 모습을 간직한 프라이빗비치를 만나 한적한 여정을 보낼 수도 있다. 그 때문에 임자도 여행에는 차량을 동반하는 것이 여러모로 유리하다. 단 섬에서 운전할 때는 내비게이션을 전적으로 신뢰하면 낭패를 볼 수 있으니 임도나 해변 길을 지날 때는 직접 확인하는 것이 필요하다. 임자도는 해변 못지않게 평야 지대가 널리 분포되어있어 자전거로 여행하기에 알맞은 섬이다. 섬 곳곳에서 어렵지 않게 자전거 행렬을 만나게 된다. 임자는 들깨를 의미한다. 들깨, 대파, 양파는 임자도에서 나는 3대 작물이다. 이미 널리 알려진 민어와 새우젓을 포함하여 먹거리 또한 풍부한 섬이다. 임자도는 단독으로도 좋지만, 부근에 있는 증도와 더불어 여행을 계획한다면 재미있고 알찬 여정을 만들어갈 수 있다.

용난굴해변 갈매기떼

TRAFFIC

고속(시외)버스
센트럴시티터미널 → 지도여객자동차터미널
- 하루 2회 운행 | 4시간 10분 소요
- 지도터미널 도착 후 임자면 공영버스로 환승

광주유스퀘어터미널 → 임자도(대광)시외버스
터미널
- 하루 2회 운행 | 2시간 5분 소요

신안-목포간 공영버스 (3004번)
목포시외버스터미널 → 임자도(대광)시외버스
터미널
- 하루 3회 운행 | 1시간 30분 소요

임자도 내 공영버스
- 임자-1 : 진리선착장 – 필길리 (남서방향 어
  머리해수욕장) 하루 6회 운행
- 임자-2 : 진리선착장 – 전장포 (북동방향 대
  광해수욕장) 하루 5회 운행
- 임자-3 : 진리선착장 – 이흑암 하루 6회 운행
- 임자-4 : 진리선착장 – 하우리 하루 6회 운행

※ 버스 노선 및 운행시간은 신안군청 홈페이지
  문화관광-교통정보 항목 참조

PHOTO SPOTS

용난굴해변의 갈매기떼
용난굴해변에는 용난굴이 없다. 대신 저녁이 가
까워지면 수천 마리의 갈매기 떼가 모여들어 해
변 구석을 채워 앉는다. 임자도의 흔한 해변 하나
가 이따금 특별한 출사지가 되기도 한다.

옥섬 낙조
은동해변과 어머리해변은 임자도의 남서쪽 해안
에 고개 하나를 사이에 두고 나란히 자리하고 있
다. 고개에서 바라보면 두 해변의 전경이 한눈에
들어오는데, 특히 해 질 무렵이면 은동해변 앞에
떠 있는 옥섬을 중심으로 노랗게 혹은 발갛게 물
들어가는 하늘, 바다가 고혹적이다.

어머리해변과 용난굴
어머리란 해변의 모습이 물고기의 머리를 닮아
붙여진 이름이다. 일반 여행객에는 잘 알려지지
않은 숨은 명소로 넓고 한적한 백사장도 아름답
지만, 해변 한켠의 해식동굴이 압권이다. 용난굴
이라 불리는 기이한 동굴은 썰물 때만 접근을 허
용하는데 해변 쪽으로 난 좁은 입구를 통과하면
비교적 넓은 동굴 내부가 나타나고 길은 다시 좁
아져 반대편 바다 방향의 출구로 이어진다.

옥섬 낙조

대광해수욕장 : 튤립축제

신안튤립축제는 임자도 대광해수욕장에서 매년 4월 열린다(2020년, 2021년은 코로나19로 열리지 못함). 이 시기 축제장인 튤립공원과 송림원 12만km² 부지에는 20여 종 300만 송이의 튤립이 활짝 피어나 장관을 이룬다. 이외에도 수선화, 히아신스, 무스카리, 아이리스, 리빙스턴데이지, 크리산세멈, 비올라 등 다양한 꽃이 식재되어 꽃 애호가들의 눈을 즐겁게 한다

전장포

전장포는 임자도 북쪽에 있는 자그마한 포구다. 이곳에서 우리나라 새우젓의 60~70%가 생산된다. 전장포 솔개산 아래에는 과거 새우를 숙성시켰던 토굴 4곳이 원형 그대로의 모습으로 남아 체험 및 볼거리로 제공되고 있다. 여행객들은 젓갈판매장에서 질 좋은 전장포 새우젓을 구매하고 또 포구에 있는 황금새우 조형물 앞에서 인증샷을 찍기도 한다.

조희룡미술관

대광해수욕장 입구에 자리한 조희룡미술관은 조희룡기념관을 신안군 '1도 1뮤지엄' 아트 프로젝트 사업의 일환으로 재개관한 것이다. 우봉 조희룡은 19세기 후반 조선문인화의 새로운 흐름을 이끈 여항문인(중인계층)화가다. 신안 임자도에 3년간 유배 생활을 했으며 매화 그림에 탁월한 재능을 보여 '매화 화가'로 알려져 있다.

조희룡미술관 | 튤립축제

ACTIVITY

 트레킹

갯벌모실길 (56.5km)
■ 1코스 (전장포파시길 | 11.5km | 3시간 30분)
진리선착장-임자면사무소-서울염전-배미골저
수지-전장포항
■ 2코스 (대광해변길 | 15.5km | 5시간)
전장포항-도찬리-대광해수욕장-하우리임항-목섬
■ 3코스 (수평선길 | 16km | 5시간 30분)
목섬-감정산 둘레길-삼두리-저동저수지-대둔
산 둘레길-은동해변-어머리해변
■ 4코스 (해뜨는 길 | 13.5km | 4시간 30분)
어머리해변-용난굴해변-안산둘레길-갯벌해산
목교-진리선착장

 등산

불갑산 코스 (224.3m | 6.5km | 3시간)
벙산-불갑산-장목재

삼각산 코스 (211.9m | 4.5km | 2시간 10분)
장목재-삼각산-부동재

대둔산 코스 (319.5m | 4km | 2시간)
부동재-대둔산-원상리

 라이딩

신안섬자전거길길 3코스 (54km)
진리선착장-서울염전-전장포-대광해수욕장-하
우리임도-대둔산임도-어머리해변(용난굴)-면사
무소-진리선착장
※ 차량은 임자대교를 건너기 전 주차해도 좋다.

 캠핑

캠핑은 주로 대광해수욕장에서 이뤄지며 3곳의
그램핑, 카라반 캠핑장이 있다.
대형 해수욕장임에도 차박할 수 있는 적당한 공
간을 찾기가 어렵다. 오히려 여객선 선착장의 기
능을 잃어버린 진리항이 한적한 편이다. 어머리
해수욕장 입구에는 낡은 야영데크가 두 개 있다.
비수기 평일에는 용난굴들 주변의 자연 인프라를
맘껏 누릴 수 있는 장소다.

어머리해변 야영지

대광해수욕장

용난굴

FOOD

임자도는 예로부터 다양한 생선과 해산물이 많이 나오는 섬으로 알려져 있다. 3월 간재미, 4, 꽃게 5월 갑오징어, 6월 병어, 7~8월 민어, 9월 서대가 그것이다.

임자도는 우리나라의 대표적 민어 산지다. 잡힌 민어는 대부분 지도읍에 있는 신안군 수협 송도 위판장으로 운송 경매된다. 위판장 옆에는 수산물 유통센터가 있어 소매로도 구매할 수 있다. 임자도 식당 중에서는 전복 톳 밥의 '나들목맛집', 제철 병어와 민어를 먹을 수 있는 '하우리부일호횟집', '편안한횟집' 등이 잘 알려져 있으며 면사무소, 대광해수욕장, 하우리항 부근에 식당이 많다.

- 하우리부일호횟집 : 민어(생방송투데이 2154회), 병어회, 조림, 꽃게찜(생방송투데이 2572회), 대파한상(생방송투데이 2827회)
- 편안한 횟집 : 생선회(생생정보통 443회, 생방송오늘아침 1554회), 민어(생방송투데이 1268회, 생생정보통945회), 병어(생방송오늘저녁 858회)
- 진장포항구식당 : 황석어탕(6시내고향 7268회)
- 한결식당 : 내장국밥/뼈다귀감자탕(생방송투데이 1653회)

STAY

다리가 놓인 후 임자도를 당일로 여행하고 증도로 이동해서 숙박하는 경우가 많아졌지만, 임자도 내에도 깨끗하고 운치 있는 펜션과 민박이 20여 곳 운영되고 있다. 그중 낙조가 아름다운 은동해수욕장의 '은동통나무집' 그리고 잔디정원이 있는 대광해수욕장 인근의 '임자펜션'을 추천한다.

어머리해변 개매기 | 동죽

REFERENCE SITE & PHONE NUMBER

주요 기관 & 여행 안내

- 신안군청 (www.shinan.go.kr)
- 신안군문화관광 (여객선, 버스 교통 정보 수록 tour.shinan.go.kr)
- 임자면사무소 (061-240-4004)
- 임자맛나네 (카약, 갯벌체험, imjalove.imweb. me | 061-261-0153)
- 조희룡미술관 (061-240-8067)

음식 및 숙박

- 은동통나무집 (eundong.modoo.at | 0507-1315-8562)
- 임자펜션 (www.imjapension.com)
- 나들목맛집 (061-275-2350)
- 하우리부일호횟집 (061-261-1210)
- 편안한횟집 (061-275-2828)
- 진장포항구식당 (061-275-9983)

전장포

전장포 토굴

033 재원도

배를 타고 만나는 첫 섬의 가치

상월항도

당숲

재원도

예미해변

선착장

재원도는 임자도 서쪽에 있다. 얼마 전까지만 해도 지도읍 점암선착장에서 여객선을 타고 1시간 30분을 가야 했던 섬이다. 하지만 임자대교가 개통된 후에는 재원도와 인접한 임자도 목섬까지 차를 타고 접근할 수 있게 되었다. 시간과 운임에 대한 부담이 훨씬 줄어든 셈이다.

재원도는 해방 후부터 80년대 중반까지 여름이면 민어 파시가 열려 몹시 북적이던 섬이었다. 하지만 파시가 사라진 후, 임자도의 큰 몸집에 가려 점차 존재가 희미해지고 일반인에게는 낯선 섬이 되었다.

재원도는 오염되지 않은 자연환경을 가지고 있는 섬이다. 단 한 번의 여행만으로도 한적하고 수수한 섬에 매력에 빠지게 된다. 섬의 서쪽에는 예미란 이름을 가진 아름다운 해변이 있다. 선착장에서 남쪽 해안길을 따라 3.6km 떨어진 지점이다. 본디 섬 주민들만의 로컬 해수욕장이었고 지도를 탐색하다 찾아간 백패커들에 의해 조금씩 알려지게 되었다. 이제 접근이 쉬워진 재원도는 많이 달라질 전망이다. 이미 예미해변에는 화장실과 샤워장 시설이 들어섰고 넓은 데크도 하나 놓았다. 섬길은 선착장에서 해변까지가 고작이었지만, 산을 돌아 마을까지 이어지는 순환도로도 거의 막바지 공사 중이다. 완공이 되면 멋진 트레킹 코스가 생겨날 것이다. 임자도에 다리가 놓이면서 배를 타고 가야 하는 첫 섬이 된 재원도. 섬은 여행객을 맞을 준비에 열심이다.

선착장

🛳 TRAFFIC

여객선

지도읍 점암선착장 → 재원도
- 하루 2회, 08:25, 14:15 출항 | 1시간 30분
  소요

임자도 목섬 → 재원도
- 하루 2회 운항 | 10분 소요

※ 대중교통을 이용하는 경우 점암선착장에서 여
  객선을 이용하는 것이 편리하다.

📷 PHOTO SPOTS

풀등과 낙조

서쪽 바다를 향해 열린 여미해변은 백사장 길이
가 300m, 폭 100m에 불과한 작은 해변이다.
썰물이 시작되고 얼마 후면 채 빠져나가지 못한
바닷물이 풀등을 만들어낸다. 화려하지는 않지만
섬 여행의 정취를 담아낼 수 있는 풍경이다. 거기
에 해 질 무렵의 고즈넉함까지 더해지면 감성은
더욱 풍부해진다.

🖼 PLACE TO VISIT

당숲

마을 내에 있다. 오래전에는 숲을 이루고 있었지
만, 지금은 키 큰 팽나무 두 그루만 남았다. 나무 주
위로 100여 평의 꽃밭을 조성하여 임자면의 상징
인 튤립을 심었다. 작은 공원의 정갈함까지 묻어나
는 이곳은 향후 포토존으로 가꾸어질 전망이다.

상월항도

마을 북쪽에 제방으로 연결된 육계 무인도다. 본
섬과는 200m 정도 떨어져 있으며 낮은 방파제
뒤편으로 작은 백사장이 있다. 썰물 때면 몽돌 길
이 드러나 본 섬과 연결되는 데 해변 산책을 하거
나 물놀이를 즐기기에 좋다.

서북 해안

마을 뒤 해안절벽

트레킹

선착장에서 여미해변까지의 3.6km 임도는 섬의
허리를 타고 이어진다. 이 때문에 걷는 동안 바다
풍경은 잊힐 만하면 다시 나타나 시야 속으로 들
어온다. 길은 높낮이의 변화가 거의 없고 차량통
행 또한 드물어 매우 한적하다. 또한 최근 이어진
일주도로를 따라 섬길 종주에 도전해봐도 좋다.
점암선착장에서 08시 10분에 출발(목섬은 09시 출
발)하는 배를 타고 들어와 재원도에서 15:40 배로
나간다면 당일로도 충분히 섬을 돌아볼 수 있다.

캠핑

여미해변에는 모래언덕이 있다. 밀물 때도 바닷
물이 닿지 않아 안전하게 캠핑할 수 있다.
차량을 가지고 입도할 수 있지만, 임도가 좁고 여
러 대를 동시에 주차할 수 있는 공간이 없어 피
서철 주말에는 자칫 낭패를 볼 수 있다. 개인이나
소규모인원의 백패킹으로 어울리는 환경이다.

FOOD

슈퍼가 한 곳 있고 식당은 없다. 캠핑을 위해서라
면 식재료는 임자도에서 사 들어와야 한다.

STAY

일억불슈퍼에서 민박을 겸하지만, 운영이 불규칙
하다. 아직 섬의 숙박 인프라는 없다고 보는 것이
좋으며, 캠핑이 아니라면 임자도에 숙소를 정하
고 재원도를 돌아보는 것이 현명한 방법이다.

REFERENCE SITE & PHONE NUMBER

주요 기관 & 여행 안내
- 재원도 치안센터 (061-270-0186)
- 재원도보건진료소 (061-275-0280)
- 신안군문화관광 (여객선, 버스 교통 정보 수록
  tour.shinan.go.kr)

교통
- 섬사랑 17호 (해광운수 061-283-9915)

음식 및 숙박
- 일억불슈퍼 (010-9474-8062)

당숲

예미해변 캠핑

상월항도

예미해변

034

증도

느려도 괜찮아

증도대교

월정도

증도

신안해저
유물발굴기념비

버지선착장

짱뚱어다리

천일염힐링캠프

소금박물관

태평염전

짱뚱어해수욕장

한반도해송숲

우전해수욕장 셀레미캠핑장

신안갯벌센터

화도노둣길

화도

왕바위선착장

증도는 슬로시티, 람사르 습지, 유네스코 생물권보전지역으로 지정돼있는 섬이다.

게다가 국가습지보호구역 그리고 갯벌도립공원으로도 특정되어있으니 개발의 물결이 흘러들 틈이 없다. 증도의 상징이 청정, 무공해, 느림이 되어버린 것은 어쩌면 당연한 일이다. 섬은 증도대교가 개통된 2010년 이전과 비교해봐도 특별히 달라진 것이 없다. 펜션과 같은 숙박시설이 늘어나고 조형물이 몇 군데 세워진 것 외에는 한결같은 모습을 가지고 있다. 증도에선 공사 차량을 보기가 쉽지 않다. 새로운 관광인프라를 만들어내지 않아도 되는 섬이기 때문이다. 섬의 반이 갯벌이면 그 나머지 반은 염전이다. 바닷물이 물러가고 드러난 갯벌은 오염의 흔적이 없다. 그곳을 터전으로 수많은 생물이 살아간다. 짱뚱어다리와 화도 노두교에서 그 생명력을 직접 목격할 수 있다. 태평염전으로 대표되는 증도의 염전은 친환경, 생태의 가치를 최우선으로 한다. 우전해수욕장, 짱뚱어해수욕장은 휴양지로의 역할을 톡톡히 수행 중이다. 증도의 순수 자연을 여행하기 위해 매년 100만 명의 관광객이 찾아든다. 다리가 놓인 섬이 지향해야 할 모델을 보는 것 같아 즐겁다.

증도에서는 어떤 형태의 여행도 보람이 있다. 자전거를 타거나 걸어도 좋고 또 차량으로 둘러봐도 좋다. 캠핑이나 민박, 펜션 어느 것을 선택해도 완벽한 여정을 만들어갈 수 있다.

우전해수욕장

🚢 TRAFFIC

고속버스
센트럴시티터미널 → 지도여객자동차터미널
- 하루 2회 운행 | 4시간 10분 소요
- 지도터미널 도착 후 증도면 공영버스로 환승

공영버스
지도여객자동차터미널 → 우전해수욕장
- 3개 노선, 하루 8회 운행

※ 버스 노선 및 운행시간은 신안군청 홈페이지
   문화관광-교통정보 항목 참조

📷 PHOTO SPOTS

화도 노둣길
화도는 증도 남쪽에 위치한 아주 작은 섬이다. 모
섬 증도와는 밀물 때 잠시 떨어져 있다가 길이 물
이 빠지면 1.2km의 노둣길로 이어진다. 노둣길
은 광활한 갯벌 위에 놓였다. 하늘, 갯벌, 노둣길
만 이뤄진 단순한 이미지도 좋지만, 화상에 차량
이나 사람을 넣어 촬영하면 극적인 효과가 두드
러진다. 화도에는 2007년 MBC에서 방영됐던
드라마 〈고맙습니다〉의 촬영지가 있다.

설경
증도의 갯벌과 염전은 사진 촬영의 좋은 소재다.
청명한 계절, 파란 하늘 아래라면 더할 나위가 없
다. 추운 겨울, 눈 내린 풍경 또한 특별하다. 높은
건물이 없는 탓에 마치 섬 전체가 시베리아의 하
얀 평원쯤으로 변해버린 느낌이다. 전라남도 해
안에 폭설이 예보된다면 인생샷을 위해 한 번쯤
떠나봄 직하다.

화도 촬영지 | 설경

우전해수욕장

엘도라도리조트에서 짱뚱어해수욕장 주차장까지를 우전해수욕장의 영역으로 봤을 때 실제 길이는 2.7km 정도가 된다. 백사장이 넓고 경사가 완만한 데다 수질이 좋아 여름이면 수많은 피서객이 몰려드는 명소로 각광받아 왔다. 특히 해변 뒤편으로는 한반도 지형을 닮았다는 해송 숲이 이어져 그늘에 앉아 더위를 식히거나 산책을 하기에도 좋다.

태평염전

태평염전(등록문화재 제360호)은 1953년 피난민 정착을 위해 조성된 우리나라 최대의 단일염전이다. 여의도 두 배 면적의 염전 내에는 소금박물관(등록문화재 제361호), 캠프장, 염생 식물원, 소금 바람길, 낙조 전망대, 소금 동굴, 카페, 마트, 스파 등이 들어서 있어 증도 여행의 보람과 재미를 더해준다.

해저유물발견기념비

1975년 증도 방축리 해역에서 고기를 잡던 어부의 그물에 도자기가 걸려 올라왔다. 이렇게 시작된 원나라 무역선의 인양작업으로 84년까지 총 2만2천여 점의 송, 원대의 유물이 발굴되었다. 해저유물매장해역은 사적 제274호로 지정되었고 유물들은 국립박물관 및 지역 박물관에 나뉘어 소장 중이다. 기념비는 발굴작업에 참여했던 조사요원과 인양에 애쓴 해군 심해잠수사들의 노고를 위로하는 뜻으로 세워졌다.

짱뚱어다리

순비기(허브)전시관과 짱뚱어해수욕장 사이의 갯벌을 가로지르는 470m의 목교다. 다리 위에서 바라보면 짱뚱어, 칠게, 농게 등 갯벌 생물들의 움직임을 자세히 관찰할 수 있다. 일몰 때 더욱 아름다운 모습을 연출하며 다리 입구에는 짱뚱어, 자전거 등의 상징 조형물이 세워져 인증샷 스폿으로 이용되기도 한다.

신안갯벌생태센터

국내 최초의 갯벌 생태 교육 및 전시관으로 2006년 세워졌다. 갯벌의 탄생 및 형성과정, 그곳에 사는 생물 등이 전시되어있으며 각종 생태 체험 프로그램도 진행 중이다. 지하 1층 지상 3층의 신안갯벌생태센터는 슬로시티센터를 겸하며 우전해수욕장 입구에 있다.

소금카페 | 태평염전

ACTIVITY

 트레킹

증도모실길 (42.7km)
- 천년의 숲길 (4.6km | 1시간 30분)
짱뚱어다리-한반도해송숲-슬로시티방문자센터
- 갯벌 공원 길 (10.3km | 3시간)
슬로시티방문자센터-우전마을-대초슬로체험
장-덕정마을-노둣길-화도갯벌이야기체험장-노
둣길
- 천일염 길 (10.8km | 3시간)
노둣길입구-돌마지-갈대군락지-태양광발전소-
소금전망대-소금박물관-태평염색식물원-증도
대교
- 노을이 아름다운 사색 길 (10.8km | 3시간)
주차장-구분포-염산마을-염산포구-방축-나룻
구지-노을쉼터-하트해변-해저유물발굴기념비
- 보물섬, 순교자의 발자취 길 (7km | 2시간)
해저유물발굴기념비-만들독살-검산항-상정봉-
증도면사무소-문준경순교비-순비기전시관-짱
뚱어다리

 라이딩

신안섬자전거길 제2코스 (44.58km)
관광안내소-해저유물발견기념비-짱뚱어다리-
한반도해송숲-왕바위선착장-화도노두-태평염
전-관광안내소

 캠핑

설레미캠핑장은 농어촌공사와 지자체가 공동으
로 투자하고 우전권역 영농조합법인에서 위탁 운
영 중인 시설로 우전해수욕장 뒤편의 해송 숲 내
에 있다. 총 3,000평의 부지에 일반캠핑장, 오토
캠핑장, 해변캠핑장, 카라반사이트, 카라반, 펜션
형 방갈로 등의 구색을 갖추고 있다.
태평염전 내 천일염힐링캠프도 카라반과 오토캠
핑장을 운영하고 있다. 비수기와 평일의 경우 홈
페이지보다는 '아고다' 등의 숙소예약 사이트를
통하면 훨씬 저렴하게 이용할 수 있다.

신안 갯벌센터

FOOD

청정 갯벌을 바라보면 지느러미로 진흙 바닥을 기어 다니는 수많은 짱뚱어를 볼 수 있다. 이 때 문에 증도에는 짱뚱어탕을 주메뉴로 하는 식당이 유난히 많다. 짱뚱어탕은 이학식당과 갯마을식당, 안성식당 등이 맛집으로 통한다.

- 갯마을식당: 짱뚱어탕 (생방송투데이 2770회, 생생정보통 941회), 농어 (찾아라맛있는TV 537회)
- 이학식당 : 짱뚱어탕 (VJ특공대 875회)
- 안성식당 : 짱뚱어탕/낙지백합탕 (생방송투데이 2246회)
- 소금향카페 : 소금아이스크림 (생방송투데이 2770회), 함초요리(생방송오늘저녁 359회, 싱싱일요일 9회), 소금 음식 (그린실버고향이좋다 317회)
- 짱뚱이네식당 : 짱뚱어탕 (생생정보통 830회)
- 보물섬 : 함초해신탕 (생방송투데이 2770회)
- 왕바위식당 : 밴댕이요리 (생방송투데이 2353회), 낙지호롱/연포탕 (생방송오늘저녁 970회)

STAY

증도민박협회에서 운영하는 '증도펜션민박'사이트에서 마을별, 가옥별, 객실 형태별로 비교 후 마을에 드는 시설을 골라 예약을 할 수 있다. 숙박시설 외에도 관광명소 식당 등의 정보도 제공하고 있어 활용도가 높다. 또한, 우전해수욕장의 엘도라도리조트는 홈페이지에서 '사이버회원'으로 가입 시 정상가보다 객실 요금을 저렴하게 제공한다.

장뚱어다리

REFERENCE SITE & PHONE NUMBER

체험활동
- 증도갯벌생태센터 (061-275-8400)
- 증도체험프로그램 예약 및 신청 (061-275-8400)

캠핑 및 숙박
- 증도펜션민박 (숙소 정보 사이트 | www.j-minbak.com | 총무 010-3818-8882)
- 엘도라도리조트(www.eldoradoresort.co.kr | 061-260-3334)
- 천일염힐링캠프 (www.saltvillage.co.kr | 061-275-0370)
- 설레미캠핑장 (www.jdcamp.kr | 061-275-3692)

음식점
- 이학식당 (yihaksikdang.cityfood.co.kr | 061-271-7800)
- 갯마을식당 (061-271-7528)
- 안성식당 (061-271-7998)
- 소금향카페 (061-261-2277)
- 짱뚱이네식당 (061-275-1999
- 보물섬 (061-271-0631)
- 왕바위식당 (010-6508-8903)

천일염힐링캠프

기점소악도

035

혼자 걷고 싶은 날도 있겠죠

병풍노둣길

안드레아의집

야고보의집

대기점도

베드로의집

대기점도 선착장

요한의집

필립의집

바르톨로메오의집

토마스의집

소기점도

마테오의집

소기점도 선착장

소악교회

작은야고보의집

유다의집

딴섬

소악도

가롯유다의집

유다타데오의집

시몬의집

대기점도, 소기점도와 소악도는 전라남도의 2017년 '가고싶은섬'에 선정되었다. '12사도 순례길'은 그 사업의 목적으로 조성된 것이다. 순례길이 놓인 섬들을 합쳐 통상 '기점소악도'라 부른다. 대기점도는 이웃 섬 병풍도와도 1.1km의 노둣길로 연결되어있다. 제일 높은 봉우리라 해봐야 해발 89m에 지나지 않을 정도로 낮은 구릉과 평야로 이뤄진 섬이다. 이런 섬에 주민 수보다 몇 배 많은 고양이가 살고 있다. 마을을 지날 때면 담 위에 앉아 낮잠을 즐기는 고양이를 쉽게 목격할 수 있다.

소악도 역시 두 개의 섬으로 이뤄져 있다. 갯벌을 사이에 두고 북쪽 섬에는 교회와 얼마 전 폐교된 증도초등학교 소악분교가, 남쪽 섬에는 여객선 선착장이 있다.

대기점도와 소기점도 그리고 소악도까지 섬과 섬 사이에는 영락없이 노둣길이 놓여있다. 그렇게 만들어진 12km의 탐방로에는 12사도의 이름을 딴 작은 예배당이 세워져 있다. 다양하고 각기 독특한 모습을 자랑하는 예배당은 국내외 11명의 설치미술 작가들이 참여하여 만들었다. 또한, 이 건축미술 작품에는 갯벌 등에서 채취한 자연물은 물론 주민들의 오랜 생활 도구들도 재료로 사용되었다. 순례길은 기독교적 색채를 가지고 있지만, 궁극적 의미를 단일 종교에 두고 있지는 않다. 예배당은 불자에게는 암자, 가톨릭 신자에겐 공소, 이슬람 신자에게는 기도소, 종교가 없는 이들에겐 쉼터가 되기도 한다. 순례길은 섬 주민들의 생활도로와 거의 일치한다. 섬의 문화와 삶은 걷는 자의 정서를 닮았다.

마태오의 집에서 바라본 갯벌

🚢 TRAFFIC

여객선
압해도 송공선착장 → 대기점도
- 하루 4회 운항 | 55분 소요

지도 송도선착장 → 병풍도
- 하루 5회 운항 | 55분 소요

🖼️ PLACE TO VISIT

소악교회
소악도 교회 부속 건물 앞에는 '자랑께' '쉬랑께'란 팻말이 붙어있다. 순례자들이 쉬어가거나 하룻밤을 묵어갈 수 있는 장소다. 교회의 임명진 목사는 어린 시절 사찰에서 공짜로 먹던 절밥이 그리워 이런 시설을 만들었다고 했다. '자랑께'의 냉장고에는 맥주와 간단한 음식들도 들어있다. 다음 숙박자를 위해 자연스레 남겨진 것들이다. 종교와 상관없이 누구나 이용할 수 있다.

📷 PHOTO SPOTS

대기점도 일출 일몰
대기점도선착장에는 1번 예배당 '베드로의 집'이 세워져 있다. 선착장과 섬은 곡선과 직선이 어우러져 곱게 뻗어난 시멘트 도로로 연결돼있다. 일출 장면에 예배당과 길을 화상에 함께 담으면 근사한 그림이 완성된다. 또한, 대기점도와 소기점도 사이의 갯벌은 일몰이 아름답다. 썰물 때 노둣길에서 촬영하면 된다.

가롯 유다의 집
딴섬이라 불리는 작은 섬에 있는 열두 번째 예배당이다. 딴섬은 썰물 때는 모래톱으로 소악도와 연결되었다가 밀물이 되면 고립된다. 마치 예배당 하나가 바다 위에 솟아있는 듯한 신비로운 광경이다.

토마스의 집
소기점도에 있는 일곱 번째 예배당 '토마스의 집'은 한편에는 바다를 또 다른 편에는 저수지를 품고 있어 어느 곳에서 바라보든지 매우 아름다운 장면을 연출한다. 또한, 저수지에 반영된 예배당의 모습이 매우 목가적이다.

갯벌 낙조

ACTIVITY

트레킹

12개의 예배당을 한 번에 걸으려면 물때를 잘 살펴야 한다. 하지만 경험자들은 하루를 묵어가며 천천히 돌아볼 것을 권한다. 아름다운 일출, 일몰은 적어도 하룻밤을 머물다 가는 자의 몫이다.

라이딩

신안섬자전거길 1코스
(기점소악도 연계코스, 23km)
소악도 선착장을 기점으로 병풍도까지 이어지는 코스로 단순히 속도의 즐거움 뿐만아니라, 섬들의 구석구석을 두루 살펴볼 수 있는 흥미로운 코스다.
한편, 자전거를 동반하지 않은 여행자를 위해 대기점도에 전기자전거 대여소도 운영중이다.
(15,000원 | 010-6612-5239)

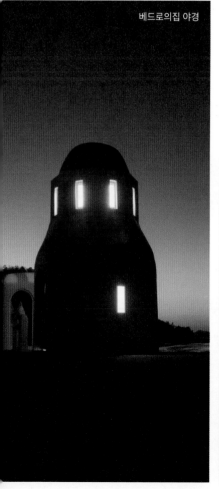

베드로의집 야경

바르톨로메오의집과 전기자전거

FOOD

게스트하우스에 딸린 기점소악도식당에서 단체 혹은 개별 식사가 가능하다. 소악도 선착장의 무인카페, 대기점도의 갤러리 노두&카페에서 간단한 음료나 커피를 즐길 수 있다.

STAY

각 섬에 다수의 민박이 있다. 예약은 주로 전화로 이뤄지며 관련정보는 '가고싶은섬신안'(www.신안가고싶은섬.com)홈페이지에서 얻을 수 있다.

게스트하우스 | 소악교회

작은야고보의집

📞 REFERENCE SITE & PHONE NUMBER

주요 기관 & 여행 안내
- 기점소악도 (www.기점소악도.com)
- 송공선착장 (해진해운 061-244-0803)
- 송도선착장 (정우해운 061-247-2331)

숙박
- 소악도민박 (장명순 010-3499-6292)
- 노둣길민박 (김광희 010-3726-9929 | 010-2112-9926)
- 북촌민박 (송금섭 010-2736-7099)
- 한옥민박 (예약문의 이진희 010-5044-2977)
- 소악도사랑의민박 (정영임 010-8573-2441)
- 베드로민박 (안영순 010-3027-2969)
- 대기점민박 (노정숙 010-3360-2093)
- 바다민박 (김수근 010-8281-1601)

036 자은도

백사장 너머 또 백사장, 여름에만 좋은 섬일까?

무한의 다리

산돌해변   둔장해변

외기해변   고교선착장

내치해변   자은도

두봉산

동구리섬목교

신안자연휴양림

문계해변

면전해변   은암대교

백길해변   암태도

자은도에는 백사장을 가진 해변이 9곳이나 있다. 때문에 여름이면 천사대교를 건너 피서를 떠나는 차량은 십중팔구 자은도를 향한다. 자은도의 해변들은 백사장이 넓고 수심이 완만하며 대부분 해송 숲을 배경으로 하고 있어 풍광이 뛰어나다. 여행객들에게 잘 알려진 백길해변, 분계해변, 둔장해변을 제외하더라도 조금만 단장하면 진면목을 드러낼 민낯의 해변들이 즐비하다.

자은도는 관광 인프라가 매우 풍족하다. '수석미술관', '수석정원', '조개박물관'으로 구성된 '천사섬뮤지엄파크', 관광객들의 찬사를 한몸에 받는 둔장해변의 '무한의 다리'. 해수욕과 산림욕을 동시에 즐길 수 있고 숙박동에 캠핑장까지 갖춰진 신안자연휴양림 또한 섬 안에 있다.

섬을 여행하다 보면 곳곳에서 차박 중인 차량들을 만날 수 있다. 넓은 면적에 자연환경이 탁월해 일찌감치 차량 여행의 성지로 자리매김했기 때문이다. 하지만 자은도는 아직 다리를 건너지 않고 배를 타고 왕래할 수 있는 섬이다. 증도 왕바위선착장에서 자은도 고교선착장까지 배가 다닌다.

천사대교 개통 이후 자은도는 향후 호남 최대의 휴양지가 될 것이라는 예상과 함께 백길해변 뒤편으로 합계 객실 수 404개의 라마다프라자호텔&씨원리조트가 2022년 개장했다.

무한의다리

TRAFFIC

여객선
증도왕바위선착장 → 자은도 고교선착장
- 하루 4회 운항 | 15분 소요

자은-안태-안좌 간선버스 (1010)
자은 구영 → 암태 남강 → 안좌 읍동 왕복
- 하루 6회 운행

신안-목포간 공영버스(1004)
목포종합버스터미널 → 자은분계
- 하루 9회 운행 | 1시간 30분 소요

※ 여객선 · 버스 노선 및 운행시간은 신안군청
  홈페이지 문화관광-교통정보 항목 참조

PHOTO SPOTS

한운리 옥도
옥도는 한운리 해변과는 650m 떨어져 있는 작은 무인도다. 썰물이 되면 바다 갈라짐 현상이 일어나 길이 생겨난다. 이때 주민들은 갯돌을 뒤집어 바지락, 소라 등을 잡거나 긴 장화를 신고 갯벌을 걸으며 낙지를 찾는다. 다리가 놓여도 주민들은 아직 섬사람이다.

분계해변 여인송
분계해변의 여인송 숲은 2010년 전국 숲 경연대회 '천년의 숲' 부분에서 수상했다. 고기잡이 나간 남편을 물구나무서서 기다리다 하늘을 향해 두 다리를 뻗은 채 소나무가 되어버린 여인송의 전설도 애틋하지만, 뿌리를 드러내고 기이한 모습을 보이는 노송들의 자태 또한 발길을 머물게 한다.

해사랑길 포토존
총 4코스로 되어있는 자은도 해사랑길을 걷다 보면 곳곳에 사각 액자 모양의 포토존을 발견하게 된다. 대부분 아름다운 낙조를 담을 수 있도록 방향을 고려하여 설치되었다. 낙조가 아니더라도 일행들과 단체샷을 촬영하기에 좋다.

라마다플라자호텔&씨원리조트

세계조개박물관

3,000여 종, 총 11,000여 점이나 되는 조개, 고둥류가 전시되고 있다. 신안군은 청정 다도해의 이미지 향상과 갯벌 자원화 프로젝트의 일환으로 박물관을 설립했다. 이곳에 전시된 조개, 고둥류는 임양수 관장이 과거 원양어선을 타고 40여 년간 해양을 누비며 수집한 것들이다.

무한의 다리

'무한의 다리'는 이곳 해변과 무인도인 구리도, 고도, 할미도를 잇는 1004m의 보행교로 '다리로 연결된 섬과 섬의 연속성과 끝없는 발전'이라는 의미를 담고 있다. 특히 할미도는 조수간만의 차이를 이용하는 전통적인 고기잡이 방식 '독살'이 있는 곳으로 그 규모가 동양 최대다.

1004섬 수석미술관

자은도 양산바닷가에 자리하고 있다. 정원과 전시실로 나뉜다. 정원의 자연석은 산으로 솟고 계곡이 되어 꽃과 나무를 돋보이게 하며, 분명 조성된 것인데도 인위적인 느낌이 없다. 전시실은 수석 권위자인 동인(東人) 원수칠 관장이 기증한 수석 1004점을 중심으로 교차 전시되고 있다.

둔장마을미술관

1970년대에 주민들의 힘으로 세워진 마을회관이 한국문화예술위원회 작은 미술관 공모사업에 선정돼 새 모습을 찾았다. 건물과 정원은 담백하지만 감각적이며, 유명작가의 작품은 아니더라도 전시된 솜씨들에는 섬 정서가 듬뿍 담겨있다. 소소한 애틋함을 느껴보고 싶다면 지나는 길에 꼭 들러보는 걸로.

  트레킹

자은도 해사랑길
- 1코스 해넘이길 (9.7km | 2시간 40분)
한운리– 둔장해변
- 2코스 간들속삭임길 (11.5km | 3시간 30분)
신돌해변–양산해변
- 3코스 다은모래길 (11.5km | 3시간 30분)
분계해변–은암대교
- 4코스 그리움마루길 (두봉산 등산로 | 5.5km | 2시간 30분)
면사무소–두봉산–성제봉–자은초교–면사무소

 캠핑

라마다프라자호텔&씨원리조트가 개장한 후 백길해변에서의 캠핑이 쉽지 않다. 분계해변에도 야영데크가 있지만, 소나무 보호를 위해 그 수가 제한적이다. 둔장해변은 소규모의 캠핑과 차박이 가능하다. 신안자연휴양림 내 뮤지엄비치캠프 야영장은 카라반과 오토캠핑 사이트를, 한운리에 있는 천사섬&글램핑장은 글램핑, 카라반, 오토캠핑 사이트를 운영 중이다.

 라이딩

신안섬자전거길 4코스
(암태, 자은 코스 98km)
오도항–기동 삼거리–은암대교–고교항–해넘이길–분계–백길–은암대교–기동삼거리–추포해변

해사랑길 포토존

🍴 FOOD

다리가 놓이기 전부터 생선회로 유명했던 식당들이 여럿 있다. 최근에 관광객이 늘어나자 식당의 구색도 다양해졌다.백길천사횟집, 사월포횟집, 신진식당 등이 유명하다.

- 사월포횟집 : 농어회 (생방송투데이 148회)
- 신진식당 : 농어회/장어볶음/맛조개탕 (6시내고향 7302회)

🏨 STAY

라마다프라자호텔&씨원리조트를 포함 자은도 전역에 20곳 정도 이상의 펜션과 민박이 있다. 뛰어난 관광인프라를 갖춘 데다 리조트까지 들어서면서 자은도는 명실공히 신안을 대표하는 명품 섬으로 발돋움했다는 평가다.

분계해변 여인송숲
1004섬 수석미술관 | 뮤지엄비치야영장

REFERENCE SITE & PHONE NUMBER

주요 기관 & 여행 안내
- 신안군 문화관광 (tour.shinan.go.kr)
- 자은면사무소 (061-240-4005)
- 신안자연휴양림 (061-240-3262)
- 고교매표소 (061-271-1173)

캠핑 및 숙박
- 라마다프라자호텔&씨원리조트 (www.class-one.co.kr)
- 뮤지엄비치캠프 야영장 (카라반 061-240-3263 | 야영장 061-240-3227)
- 천사섬캠핑&글램핑 (1004cam.modoo.at | 010-6636-3325)
- 나무늘보펜션 (sloth.kr | 010-9132-5459 | ※5박 이상 숙박비 할인)
- 자은황토펜션 (minpark7276.modoo.at | 010- 2661-7276)
- 지니비치향 (jinnybeach.modoo.at | 010-7709- 3569)

- 자은도 힐링펜션 (jaeun.modoo.at | 010-5234-3324)
- 밀알촌 (밀알촌.com | 010-8662-8971 | ※한옥)
- 보금자리펜션 (cafe.naver.com/bogumjarips | 010-2560-7740)
- 힐링하우스 (1004sum.modoo.at | 061-271-8786)

음식점
- 백길천사횟집 (061-271-5100)
- 사월포횟집 (061-271-3233)
- 신진식당 (061-271-0008)

둔장마을미술관

암태도

천사대교를 건너 섬 여행에 입문하다

자은도

몽돌바다캠핑장

오도선착장

천사대교

에로스서각박물관

암태도

추포도

추포대교

거문도

추포해변

암태남강여객선터미널

팔금도

전라남도 신안군의 자은도, 암태도, 팔금도, 안좌도는 각기 큼직한 면 단위 섬으로 일찌감치 연도되어 있었다. 여객선만이 유일한 교통수단이었던 섬들은 2019년 4월 압해도(신안군청 소재지)와 암태도를 잇는 천사대교의 개통 후 비로소 육로로 왕래할 수 있게 되었다. 접근이 쉬워지자 방문객의 수도 급격히 증가했다. 암태도는 자은도 방향이나 안좌도, 반월·박지도를 가려 해도 반드시 거쳐야 하는 섬이다. 암태도 여행은 크게 승봉산 산행, 추포도 탐방으로 나뉜다. 승봉산(해발 355.5m)은 등산로 곳곳에서 갯벌과 바다가 시원하게 조망되고 정상에서 바라본 다도해의 전경이 압도적이라 이 지역 최고의 명산으로 꼽힌다. 추포도는 암태도와 연결된 작은 섬이다. 2.5km 콘크리트 노두교를 사이에 두고 밀물 때면 각기 다른 섬이 되어 불편을 겪어야 했던 이곳에 2021년 3월 번듯한 다리가 놓였다. 신안의 13번째 다리 추포대교다. 물때의 눈치를 보지 않고도 해넘이가 아름다운 추포해변을 거닐거나 드넓은 개펄에서 잡히는 청정 추포 낙지를 맛볼 수 있게 되었다.

암태도는 일제강점기, 전국적인 농민 운동의 시발점이 됐던 소작쟁이가 일어났던 섬이다. '소작쟁이기념공원' 과 '소작인 항쟁 기념탑'에서 항쟁의 역사를 살펴볼 수 있다.

파마머리 벽화

🚢 TRAFFIC

신안-목포간 공영버스
목포종합버스터미널 → 암태 남강
- 1004번: 하루 10회 운행 | 1시간 10분 소요
- 2004번: 하루 11회 운행 | 1시간 20분 소요

암태도 내 공영버스
- 암태-1: 면사무소 → 오도선착장 (하루 4회 운행)
- 암태-2: 면사무소 → 남강선착장(하루 6회 운행)

※ 버스 노선 및 운행시간은 신안군청 홈페이지 문화관광-교통정보 항목 참조

🖼 PLACE TO VISIT

에로스서각박물관
신석리 옛 동초등학교 건물을 리모델링해 2018년 개관했다. 박물관은 성을 소재로 '이색 성 문화관'과 200여 점의 서각 작품을 전시하고 있는 '서각전시관' 그리고 '드래곤갤러리'로 구성돼있다.

천사대교
2010년 첫삽을 뜬 지 9년 만인 2019년 완공되었다. 5천억 원이 넘는 공사비가 투입됐다. 교량의 길이가 7.22km, 도로는 왕복 2차선(일부 3차선 가변차선제)으로 전체가 60km 구간단속 구간이다. 천사대교는 과거 여객선 선착장으로 이용됐던 오도항에서 가까이 조망할 수 있다.

📷 PHOTO SPOTS

동백나무 파마머리 벽화
천사대교를 건너 암태도로 들어선 차량은 반드시 기동삼거리를 지나게 된다. 삼거리 전면에는 '동백나무 파마머리 벽화'가 그려져 있다. 암태도 최고의 인증샷 포토존이다. 담벼락에 그려진 집주인 노부부의 인자한 얼굴 위로 실제 동백나무 가지가 풍성하게 꽃을 피우고 있다.

암태항전경
암태항은 암태도와 팔금도를 잇는 중앙대교 위에서 촬영해야 전경이 화각 안으로 들어온다. 여객선이 정박해있다면 더할 나위 없으며 오히려 흐린 날에 더욱 분위기 있는 장면이 연출된다.

1004섬 요트투어
1004섬 요트투어의 백미는 뭐니 뭐니 해도 선셋이다. 섬 하늘 너머 저무는 와인빛 노을은 축복과 같다. 선사 측에서 계절에 맞게 선셋투어의 시간을 조정해 일몰에 다가서기 때문에, 축복을 즐길 확률은 아주 높다.

추포해수욕장 일몰
암태도의 유일한 해수욕장으로 길이가 1km에 달한다. 백사장이 드넓게 펼쳐진 데다 뒤편으로 울창한 숲이 자리하고 있어 여름이면 많은 피서객이 찾아든다. 또한, 서쪽을 향해 열려있으면서 초승달처럼 부드럽게 만입된 해변은 지역의 대표적 낙조 출사지로도 손꼽힌다.

천사대교 야경

ACTIVITY

 트레킹

승봉산 등산 코스 (2시간 30분)
암태중학교-감시초소-부처손 군락지-만물상-
정상-수곡임도-수곡마당바위-노만사-수곡마을

암태도 모실길
- 1구간 (추억의 오솔길 | 3km | 2시간 40분)
오도선착장-몽돌바다캠핑장-익금마을-생낌선
착장
- 2구간 (노루섬해안길 | 14.89km | 5시간)
생낌선착장-에로스서각박물관-북강선착장-오
상리임도-추포도노둣길
- 3구간 (추포도노둣길 | 왕복 7.96km | 2시간40분)
추포노둣길-안골선착장-추포해수욕장-추포도
선착장
- 4구간 (해넘이길 | 10.49km | 3시간 35분)
추포노둣길-어말끝선착장-신기마을-소작인항
쟁기념탐-기동삼거리
- 5구간 (해돋이길 | 10.12km | 3시간 40분)
기동삼거리-해당마을-송곡리임도-탄금마을-오
도선착장

 라이딩

신안섬자전거길 4코스
(암태, 자은 코스 98km)
오도항-기동삼거리-은암대교-고교항-해넘이
길-분계-백길-은암대교-기동삼거리-추포해변

 요트체험

1004섬 요트투어
오도선착장 : 일반투어 1시간 20,000원, 일몰투
어 70분 25,000원.

 캠핑

공식캠핑장으론 오도항 부근에 몽돌바다캠핑장
이 있고 추포해수욕장에서도 캠핑이 가능하다.
비수기, 주중이라면 오도항, 추포해변 입구 등에
서 차박을 할 수 있다. 단 공간이 넓지 않으니 민
폐가 되지 않도록 주의해야 한다.

1004 요트투어

FOOD

암태면사무소 부근에 식당이 많다. 특히 하나로식
당은 병어조림이 유명한 로컬맛집으로, 허영만의
〈백반기행〉에 출연했다. 신안맛집의 물회는 각종
해산물에다 데친 낙지가 추가로 들어가는 것이
특징인데 양도 푸짐하고 식감과 맛이 뛰어나다.
남강선착장의 터미널 매점은 갯벌에서 잡은 낙지
를 저렴하게 판다. 특히 가을 낙지는 크고 맛도 좋
아 인기가 있다.

- 하나로식당 : 병어조림 (식객 허영만의 백반기행
  11회)
- 천사대교횟집 : 민어탕, 민어회(생방송투데이
  2647회)

STAY

섬 전체에 10곳 전후의 펜션과 민박이 있다. 추포
도에서는 노인정과 개인이 운영하는 해변민박이
'추포체험마을' 숙소로 이용된다.

신안맛집 물회

승봉산

주요 기관 & 여행 안내
- 신안군 문화관광 (tour.shinan.go.kr)
- 암태면사무소 (061-240-4014)

투어
- 1004섬 요트투어 (010-9629-1880)

숙박
- 추포체험마을 (010-9249-2152)
- 남강하하펜션 (hahalodge.modoo.at | 010-4934-3308)
- 천사대교민박 (010-4016-0356)

- 암태한옥민박 (010-5438-3699)
- 암태민박 (blog.naver.com/jjys620402 | 010-9452-2177)

음식점
- 하나로식당 (061-271-3400)
- 신안맛집 (sinan.cityfood.co.kr | 061-271-3555)
- 천사바다횟집&펜션 (061-271-4242)
- 천사대교횟집 (angelbridge.modoo.at | 061-271-7003)
- 힘찬낙지왕갈비탕 (010-9023-0320)

추포해수욕장

038 안좌도

섬에서 섬으로 이어지는 여행

대사리도

읍동선착장

북자선착장

김환기고택

고니도래지

안좌도

벼락바위

두리마을

화석광물박물관

박지도

안좌복호여객터미널

반월도

자라대교

부소도

자라도

옥도

안좌도는 유인도 10개 무인도 53개를 품고 있는 안좌면의 모섬으로 위로는 팔금도 아래로는 부소도, 자라도와 연도 되어있다. 향후 자라도와 장산도, 장산도와 신의도 사이에 다리가 놓이면 천사대교를 건너온 육로는 김대중 대통령의 고향 하의도에 가 닿는다.

안좌도는 추상화가 김환기 선생의 고향이다. 안좌도 읍동선착장에는 그의 대표작 사슴을 형상화한 조형물이 설치되어있다. 화가에 대한 섬의 자부심은 커다란 창고 벽면에서 지은 지 100년이 되었다는 마을 안 그의 고택까지 정성껏 이어진다. 안좌도 여행은 부속 섬과 연계했을 때, 완성도가 높다. 반월, 박지도는 물론이고 망화산의 생태숲과 드넓은 갯벌을 자랑하는 자라도, 다리가 놓였어도 옛 섬 정취가 남아있는 부소도 역시 여정을 더욱 빛나게 한다.

안좌도는 아직도 여객선의 기항지로 그 역할을 톡톡히 하고 있다. 목포북항을 떠난 배가 도초도를 가기 전에 들르는 곳이다. 장산도와 하의도를 거쳐 목포로 나가는 배 역시 안좌도 복호선착장에서 출발한다.

김환기 고택

🚢 TRAFFIC

여객선
목포북항 → 안좌 복호선착장
- 하루 6회 운항 | 50분 소요

신안-목포간 공영버스(2004번)
목포종합버스터미널 → 안좌, 복호
- 하루 10회 운행 | 1시간 20분 소요

자은-안태-안좌 간선버스 (1010)
자은 구영 → 암태 남강 → 안좌 읍동 왕복
- 하루 6회 운행

안좌도 내 공영버스
- 남강-두리 : 암태 남강 → 반월, 박지도 방면
  왕복, 하루 8회 운행
- 안좌-1 : 면사무소 → 북지선착장 방면 순환,
  하루 6회 운행
- 안좌-2 : 면사무소 → 증산도 방면 순환, 하루
  6회 운행

※ 여객선 · 버스 노선 및 운행시간은 신안군청
  홈페이지 문화관광-교통정보 항목 참조

🖼 PLACE TO VISIT

김환기 고택
수화 김환기가 태어나고 유년시절을 보낸 곳이
다. 외지에 나가 공부하고 청년이 되어 돌아온 후
에는 인근에 작업실을 만들고 작품활동을 이어갔
다. 고택은 김환기의 부친이 백두산의 원목 홍솔
을 가져다 건축한 가옥이다. 읍동마을에 있으며
2007년 국가민속문화재 제251호로 지정되었다.

북지선착장과 사치도
북지선착장은 안좌도의 북서쪽에 있다. 바다 건
너에 있는 섬이 섬개구리 신화로 유명했던 사치
도다. 최근에야 암태도 남강선착장에서 하루 한
번 여객선이 다니기 시작했지만, 여전히 북지선
착장에서 하루 5번 다니는 도선이 주된 교통수단
이다. 마을이 있는 하사치도와 사람이 살지 않는
상사치도는 노두교로 연결돼있다. 도선을 타고
가는 사치도 탐방 또한 섬 여행의 색다른 추억이
될 것이다.

세계화석광물박물관
신안군이 폐교된 지정초등학교 안창분교 터를 매
입, '1도 1뮤지엄' 정책의 일환으로 2019년 개관
했다. 신안 지도 출신 박윤철 씨가 평생 모아 기
증한 화석, 광물 등 수집품 4,000여점을 전시하
고 있다.

📷 PHOTO SPOTS

부소도 노두교
안좌도 존리와 부소도는 1.2km의 노두교로
이어져 있다. 사리때를 제외하고는 밀물에도 물
에 잠기는 일이 없는 노두교는 섬 주민들의 삶과
정서가 밴 사진의 좋은 소재다. 해의 방향을 고
려, 역광이 되지 않도록 촬영하는 것이 중요하다.

자라도 망화산 전망대
자라도의 망화산(106m)에는 후박나무, 생달나
무, 동백나무, 호랑가시나무 등 300년 이상 된
수십 종의 난대수종이 생태숲을 이루고 있다. 숲
입구에는 널찍한 데크 전망대가 있다. 이곳에서
바라보면 마을과 논밭 그리고 섬을 둘러싼 청정
갯벌까지 한눈에 들어온다.

ACTIVITY

트레킹

자라도의 망화산은 2011년 전국 '아름다운 숲' 경연대회에서 '공존상'을 수상했다. 반월 박지도 트레킹과 더불어 추천하는 코스다.

라이딩

신안섬 자전거길 5코스

(팔금도, 안좌도 코스 | 70km)

읍동항-김환기생가-서근등대-채일봉전망대-퍼플교-복호항

캠핑

부소도의 하늘바다오토캠핑장은 캠핑존 외에 글램핑장과 펜션시설을 갖추고 있다. 안좌도는 차박을 할 수 있는 장소가 많다. 읍동선착장과 두리마을도 성수기가 아니라면 여유가 있는 편이다. 읍동에 대형마트가 있다.

세계화석광물박물관
북지선착장

🍴 FOOD

읍동마을을 중심으로 식당들이 들어서 있다. 한 식당에서 다양한 메뉴를 취급하는 로컬식당의 전형적인 특색을 띠는데, 그 중 섬마을음식점은 병어조림이 맛있고 감태를 이용한 밑반찬을 내놓는다.

🏨 STAY

안좌도에는 모텔을 포함한 펜션, 민박이 10곳 정도 운영 중이나 시설 수준이 높은 편은 아니다.

📞 REFERENCE SITE & PHONE NUMBER

주요 기관 & 여행 안내
- 신안군 문화관광 (tour.shinan.go.kr)
- 안좌면사무소 (061-240-4012)
- 안좌면사무소자라출장소 (061-240-8619)

캠핑 및 숙박
- 하늘바다오토캠핑장 (cafe.naver.com/ polarisleisure | 010-7662-7828)
- 유성모텔 (061-261-1223)
- 해피하우스펜션 (010-5413-0474)
- 안좌민박 (010-8877-2265)
- 남해장 (061-261-4059)
- 용꿈민박 (010-5424-4072)

음식점
- 섬마을음식점 (061-262-0330)
- 모아식육식당 (061-262-8026)
- 금호식당 (061-262-4849)

섬마을 음식점 병어조림 | 부소도 노두교

자라도선착장 매점

039 반월, 박지도

보라색 옷을 입고 대한민국 100대 관광지

퍼플교
900년의 우물
라벤더 정원
박지도
어깨산
대덕산
반월도
푸른섬
대야들
도루섬

박지도에서 바라본 반월도

2007년 안좌도 두리항에서 박지도까지, 박지도에서 반월도를 잇는 인도교가 놓였다. 그리고 2020년, 보수공사를 통해 목교(1,462m)가 보라색으로 변신한 후 '천사의 다리'는 '퍼플교'라는 새 이름으로 불리기 시작했다. 보라색은 두 섬의 상징이 되었다. 이름하여 퍼플섬, 가옥의 지붕, 도로, 조형물, 심지어 주민들이 입은 티셔츠도 보라색이다.

박지도에는 계절별로 각기 다른 보라색 꽃이 피는 대규모의 꽃 단지가 조성돼 있다. 면적만도 35,000m²에 이른다. 퍼플섬에서는 축제도 자주 열린다. 5월에는 라벤다, 6월에는 버들마편초가 주인공이다. 버들마편초는 초여름부터 늦가을까지 꽃이 피는 다년생 식물로, 관광객들의 사진 속에서 가장 흔하게 등장한다. 버들잎처럼 좁은 잎에 마편(말채찍)처럼 생긴 긴 꽃대도 예쁘지만, 퍼플섬에서 가장 오랜 기간 만날 수 있는 꽃이기 때문이다.

본디 반월도 박지도는 갯벌 위에 놓인 섬이다. 박지도의 스님과 반월도의 비구니가 서로 만나기 위해 놓았다는 노둣돌은 흔적으로 남아있다. 900년 우물, 반월당숲, 옛 선창, 대야뜰도 옛 섬의 모습을 간직하고 있다.

반월, 박지도로 건너가려면 입장료를 내야 한다. 상징색인 보라색 의복이나 액세서리 착용 시에는 면제가 된다. 마을에는 신안군 관광협의회에서 운영하는 펜션과 식당이 있고 카트를 빌려 섬을 돌아볼 수도 있다.

반월, 박지도는 대한민국 대표 관광지 100선, 유엔세계관광기구(UNWTO, 이하 세계관광기구) '세계 최우수 관광마을'과 '한국 관광의 별'로 선정된 바가 있다.

여객선

목포북항 → 복호선착장

- 하루 6회 운항 | 50분 소요

신안-목포간 공영버스(2004번)

목포종합버스터미널 → 암태, 안좌

- 하루 10회 운행 | 1시간 20분 소요

남강→두리(퍼플섬 전용노선)

암태남강 → 두리(퍼플교)

- 하루 8회 운행
- 안좌 경유

※ 여객선 · 버스 노선 및 운행시간은 신안군청
  홈페이지 문화관광-교통정보 항목 참조

갯벌의 낙지잡이

안좌 두리마을과 박지도, 반월도를 둘러싼 바다
에 물이 빠지면 갯벌은 광활한 모습을 드러낸다.
그때 대나무 광주리를 옆에 찬 주민들이 긴 장화
옷을 입고 들어가 낙지를 잡기 시작한다. 퍼플교
위에서 바라보면 펄을 헤쳐가는 동작과 걸음 하
나하나가 신기하게 느껴진다.

박지도 반영

반월도선착장 부근의 해안도로에서 바라보면 퍼
플교와 박지도의 모습이 안 바다에 고스란히 반
영된다. 하늘과 물의 경계 없는 단조로운 풍경이
지만 섬과 그것을 잇는 다리의 의미를 생각하게
해준다.

반월도 옛 선창

박지도의 해안에는 풍파에 생채기 난 옛 건물들
이 그대로 남겨져 있다. 예나 지금이나 고단한 섬
사람들의 삶을 보여주는 듯하다. 특히 마을 앞 옛
선창은 낡고 낡아 갯벌과 하나가 된 느낌이 든다.

박지도 대야뜰 | 반월도 당숲

PLACE TO VISIT

반월도 당숲

2013년 '아름다운 숲' 전국대회에서 어울림상을 수상했다. 팽나무, 후박나무, 동백나무 등 난대수종이 작은 숲을 이루고 있다. 현재도 주민들이 제를 올리는 등 당숲의 역할을 하고 있으며, 마을 입구에 있어 쉽게 탐방할 수 있다.

900년 우물

당산 뒤편에 900년 전의 우물이 있다. 매년 정월 보름에 마을의 안녕을 빌며 제사를 올리던 우물이다. 현재 남아있는 모습은 원형과 차이가 있으며 식음은 불가하다.

ACTIVITY

🏃 트레킹
(6.5km | 3시간 30분 소요)

박지, 반월도 걷기여행 코스 (9.9km)

- 박지도 둘레길 (4.2km) : 박지선착장-라벤다 공원-박지마을-대야들-박지선착장
- 반월도 둘레길 (5.7km): 반월마을카페-마을 당숲-섬 일주산책로-토촌마을-반월마을카페

라벤다축제

FOOD & STAY

박지도에 마을호텔과 마을식당이, 반월도에 무인카페와 마을식당이 운영되고 있다.

REFERENCE SITE & PHONE NUMBER

주요 기관 & 여행 안내
- 신안군 관광협의회 (061-262-3003)
- 신안군 문화관광 (tour.shinan.go.kr)

음식 및 숙박
- 박지마을호텔 (061-262-3003)
- 반월카페 (반월영어조합법인대표 010-2755-0935) ※현재 무인카페

박지도 반영

반월도 부잔교

040 달리도

유유자적 힐링 되는 섬 캠핑

외달도

달리도

아리랑길 　북부염전 　거북바위

달리도선착장

당산나무

전망대

깃대봉

오토캠핑장

남부염전

힐링숲길

달리등대

보리밭과 여객선

달리도는 목포에서 5.6km 떨어져 있으며 면적은 2km²가 채 되지 않는 작은 섬이다. 목포항을 떠난 배는 목포대교를 통과한 후엔 반드시 해남군 화원면, 율도, 외달도가 둘러싼 좁은 해역을 거쳐야 큰 바다로 나갈 수 있다. 때문에, 해역의 중심에 있는 달리도를 목포의 방파제 혹은 관문이라 부른다.

캠핑장 낙조

섬은 크게 동쪽의 염전지대와 서쪽의 산지로 나뉘며 그사이의 틈을 찾아 6개의 마을이 들어서 있다. 내로라하는 관광명소가 하나 없는 달리도가 주목을 받기 시작한 것은 2019년 목포 원도심, 외달도 등과 함께 슬로시티로 선정된 이후다. 풋풋한 자연과 주민들의 수수한 삶이 고스란히 담긴 섬길 걷노라면 마음은 평온해지고 저절로 힐링 된다. 해안길 정자에 앉아 스쳐 가고 오가는 여객선을 바라보며 유유자적하는 재미도 있다.

탐방길

TRAFFIC

여객선

목포항여객선터미널 → 달리도
- 하루 4회 운항 | 25분 소요

슬로시티투어
- 목포연안여객선터미널-달리도-율도-외달도
- 하루 4회 운항 | 1시간 40분 소요

달리도 공영버스
- 선착장 탑승 | 하루 4회 운항 | 요금 1,000원

 PHOTO SPOTS

보리밭과 여객선

섬의 북쪽 해안가 감골소류지 부근엔 구릉을 뒤덮은 청보리밭이 있다. 구릉은 완만하게 바다까지 이어지는데 그 때문에 여객선이 지나갈 때는 마치 청보리의 물결을 타는 듯한 장면이 연출된다.

캠핑장 낙조

캠핑장은 바로 앞에 바다를 펼쳐두고 또 서쪽을 향하고 있어서 날씨가 좋은 날이면 덩달아 멋진 노을이 기대된다. 특히 데크 위의 텐트와 어우러진 장면은 낭만적이면서도 고즈넉하다.

PLACE TO VISIT

목포구등대 (매월 낙조 전망대)

목포구등대(등록문화재 379호)는 등록문화재 화원반도와 달리도 사이의 좁은 수로를 왕래하는 선박의 안전한 항해를 위해 세워졌다. 처음 불을 밝힌 1908년에는 무인 등대였지만 왕래하는 선박이 많아지면서 1964년 유인 등대가 되었다. 달리도의 남쪽 해안길에서 바라보면 그 모습을 또렷하게 관찰할 수 있다.

깃대봉 (금성산 정상)

높이 139m의 금성산 정상에 서면 목포시, 무안군, 해남군, 신안군, 영암군 등 5개 시군을 두루 조망할 수 있다. 이곳을 깃대봉이라 부른다. 이순신 장군이 명량해전 승리 후 고하도에 진을 쳤을 때 사방을 두루 살필 수 있는 이곳 봉우리에 깃대를 꼽아 신호를 보냈다는 이야기가 전해진다.

연리지

달리도 연리지는 섬의 곳곳에서 사랑을 나누고 있다. 남쪽 해안가 경사지에 힘겹게 붙어 서서 밀물이 되면 반쯤 잠기는 고난의 연리지가 있는가 하면 당산 숲에서 안락함을 즐기는 연리지도 있다.

목포대교

ACTIVITY

트레킹
(해안 위주, 13km | 4시간 30분)

달리도항-북부염전-아리랑길-노두마을-달리분교-천제산-몽돌해변-오토캠핑장-힐링숲길-간이해수욕장-누드연리지-남부염전-달리도선착장

캠핑

달리도캠핑장은 총 15면의 데크사이트로 이뤄져 있다. 특히 바닷가 쪽에는 오토캠핑사이트 3면이 나란히 놓여있는데 7mX9m 크기의 대형 데크이면서 조망이 탁월해 인기가 있다. 선착장에서 캠핑장까지의 거리는 달리1구를 거쳐 가면 3km, 해안길을 따라가면 4km다.

STAY

적은 수의 민박과 펜션이 조성 중이지만 운영을 시작한 곳은 많지 않다. 선착장 부근에 문화해설사 김대욱 씨가 운영하는 민박이 있으며 그를 통해 도움을 받을 수 있다.

FOOD

식당이 없다. 민박이나 캠핑을 위해서는 목포에서 식재료를 준비해와야 한다.

REFERENCE SITE & PHONE NUMBER

교통
- 신진해운 (061-244-0522)

안내
- 달리도지킴이(해설사) (김대욱 010-3335-5524)

숙박
- 달리도민박 (010-9431-2535)

목포구등대 | 연리지

041 비금도

신안군의 원조 여행지

우세도

원평해수욕장

이세돌바둑기념관

용소연꽃방죽

명사십리해변

하트해변 선왕산

비금도

대동염전

하트해변전망대

그림산

수치도

내포해변

최치원해변

도초도

목포항에서 54km 거리에 있는 비금도는 해안선 길이만 약 132km에 이르며 3,500여 명의 주민이 13개의 마을에서 살아가는 큰 섬이다. 1996년 서남문대교가 개통되면서 도초도와는 같은 생활권이 되었다. 천혜의 자연환경과 빼어난 풍광을 지닌 비금도는 오래전부터 신안군의 대표적인 여행지로 사랑을 받아왔다. 명사십리, 원평, 하트 등 이름만 들어도 고개가 끄덕여지는 해변과 다도해의 경관을 마음껏 누릴 수 있는 선왕산과 그림산 등 바다와 산을 잇는 명소들이 차고 넘친다.

비금도에는 또 다른 자랑거리 세 가지가 있다. 바로 천일염, 섬초 그리고 바둑의 이세돌이다.

섬에 발을 디디면 제일 먼저 만나는 것이 광활한 염전이다. 비금도는 해방 후 최초로 천일염 생산에 성공한 섬이며 현재도 전국 천일염의 5%가 이곳에서 출하된다. 1948년 주민들이 조합을 만들어 조성했던 대동염전은 등록문화재(362호)로 지정되어있다. 또한, 이곳은 전국 최대의 시금치 재배지역이다. 섬초는 비금도 시금치의 상표다. 한겨울 강한 해풍을 견디기 위해 섬초는 땅바닥에 납작하게 붙어 자라는데 잎이 두껍고 맛이 달아 비싼 가격으로 팔린다. 바둑기사 이세돌도 비금도 출신이다. 이에 대한 섬 주민들의 자부심과 긍지가 이어진 '이세돌바둑기념관'은 새로운 관광명소로 부각되고 있다.

하트해변

TRAFFIC

여객선
목포북항 → 비금도가산선착장
- 하루 2회 운항 | 1시간 40분 소요

암태남강선착장 → 비금도가산선착장
- 하루 15회 운항 | 40분 소요

목포항 → 도초화도/비금수대선착장
- 쾌속선, 하루 15회 운항 | 40분 소요

비금도 내 공영버스
- 1233호 : 읍동 → 동부방향 (하루 5회 운행)
- 1232호 : 읍동 → 서부방향 (하루 5회 운행)

PHOTO SPOTS

하트해변 그리고 해넘이
본래 이름은 '하누님'이지만 하트해변으로 불린다. 고개에서 바라보면 바다와 마주한 해안의 굴곡이 영락없이 하트모양이다. 전망대에서 인증샷을 찍고 내려가 하트해변의 낙조를 촬영할 수 있다면 더할 나위가 없다.

내촌마을 돌담길
내촌마을의 골목길은 돌담을 따라 이어진다. 가옥의 바깥 벽체 또한 돌로 쌓여 그 길이는 안팎을 합쳐 3km에 이른다. 마을 뒤편의 선왕산을 배경으로 촬영하면 돌담의 고풍스러움이 더욱 빛을 발한다.

PLACE TO VISIT

명사십리해변
명사십리해변은 3.5km에 달하는 광활한 백사장에 해변을 둘러싼 경치가 아름다워 일찌감치 여름 피서지로 이름을 떨쳐왔다. 모래의 질이 고우면서 또 단단해 차량을 가지고 들어가도 바퀴가 빠질 염려가 없다. 명사십리에는 위락시설이 부족하지만, 좌측으로 이어진 원평해변 주변으로 펜션 민박 등이 잘 갖춰져 있어 머물고 즐기기에 부족함이 없다.

우세도
원평해변 바로 앞에 있는 섬으로 현재는 사람이 살지 않는 무인도다. 섬의 남동쪽 해안은 두 곳으로 나뉜 백사장이 600m 이상 이어지고 그 반대편 북서쪽은 해식애가 발달해 대조를 이룬다. 또한, 섬의 중앙부는 편편한 초지로 이뤄져 있다. 우세도는 낚시도 좋지만 오지캠핑의 분위기를 한껏 즐길 수 있는 섬이다. 단 무인도의 특성상 뱀과 독충 그리고 안전에 신경을 기울여야 한다. 낚싯배를 섭외해야 오갈 수 있으며 비용은 인원에 따라 다르며 최소 20만 원 이상을 지불해야 한다.

선왕산과 그림산
비금도의 등산로는 안전하게 정비돼있으며 숲과 능선 그리고 데크 구간이 어우러져 오르는 내내 지루할 틈이 없다. 선왕산 정상에 서면 하트해변의 오롯한 전경이 내려다보이고, 그림산에서는 염전과 섬초밭 그리고 안좌도, 수치도, 노대도 등 주변 섬들의 모습을 두루 감상할 수 있다.

하트해변 해넘이

내촌마을 돌담

트레킹

비금도 모실길

- 하트해변 돌담길 (내촌모실 | 20km | 7시간)
수대-송지항-대두-내포-월포-내촌-하누넘-선
왕산-그림산-상암
- 명사십리길 (원평모실 | 8.7km | 4시간 30분)
서산저수지-고막-원평-갈마도일주-명사십리-
우산
- 연꽃방죽길 (용소모실 | 19.2km | 7시간)
우산-지동-도고-용소-젓구지해수욕장-광대-
성지산성-당두
- 염전가는길 (시랑모실 | 19.5km | 7시간)
당두-동진염전-가산염전-떡메산-사랑도-만재
도-구림염전-나무섬-지동-한일염전-상암
- 원득길 (읍동모실 | 7.2km | 3시간)
지동-1호염전-읍동-덕산방조제-서부염전-고
우정약수터-수대

산행 코스 (그림산, 선왕산)

- 코스1
상암마을 입구-그림산 정상-죽치우실재-선왕
산-하누넘해수욕장(하트해변)
- 코스2 (그림산 코스)
상암마을 입구-그림산 정상-죽치우실재-한산마
을 저수지
- 코스3
상암마을 입구-그림산 정상-죽치우실재-선왕
산-서산사절-서산저수지
- 코스4
상암마을 입구-그림산 정상-죽치우실재-선왕
산-하누넘고개-임리해변(서산)
- 코스5 (선왕산 코스)
한산마을 입구-죽치우실재-선왕산-상수원지

라이딩

신안섬자전거길 6코스

(비금, 도초 코스 77km)

비금가산항-대동염전-성치산임도-이세돌바둑
기념관-명사십리해변-원평해수욕장-하트해변-
도초수국공원-시목해변-세계생태수도섬 방문자
센터

캠핑

하트해변, 명사십리해변 등에서 캠핑이 가능하지
만 서남문대교를 건너 도초도의 국립공원시목야영
장을 이용하는 것이 가장 합리적이다. 우세도 백패
킹도 한 번쯤은 도전해 볼 만하다. 낚싯배를 예약
하면 가산선착장까지 차량으로 마중을 나온다.

이세돌바둑기념관

선왕산

FOOD

면사무소 부근에 다양한 식당들이 밀집해있다. 가산선착장 앞의 가산횟집은 낙지요리와 간재미무침으로 유명하다.

■ 가산횟집 : 낙지연포, 간재미무침 (생방송투데이 2209회)

STAY

고풍스러운 한옥 펜션을 포함 섬 내에 30곳이 넘는 숙박시설이 있다

📞 REFERENCE SITE & PHONE NUMBER

주요 기관 & 여행 안내
■ 비금면사무소 (010-8841-5895)

숙박
■ 비금도하트펜션 (bigeumhouse.co.kr | 010-3412-5881)
■ 비금도한옥펜션 (www.biegumdo.co.kr | 061-275-6666)
■ 명우당한옥펜션 (www.명우당한옥펜션.kr | 061-261-3333)
■ 비금도바닷가펜션 (badatgapension. dubuplus.com | 061-261-0001)
■ 엔젤펜션 (010-7336-5004)
■ 비금도하누님펜션민박 (010-4217-2955)
■ 선화당 (한옥 010-2609-5874)

음식점
■ 상하이 (061-262-1220)
■ 가산횟집 (061-275-6336)
■ 동천농원 (061-262-3031)
■ 풍년가든 (061-275-6124)
■ 보릿고개 (010-7181-7816)

가산선착장

명사십리해변

042 도초도

국립공원 야영장이 있어요

비금도

서남문대교

도초여객선터미널

만년사

자산일보 촬영지

도초도

고산리석장승

수국공원

가는게해변

시목해변

큰산

시목해변

도초도는 이웃 섬 비금도와는 다리로 연결돼있다.

섬 내에는 육지로 착각할 정도의 광활한 들녘이 펼쳐져 있다. 신안에서 가장 넓다는 고란평야다. 도초도는 예로부터 땅이 비옥해서 농사를 생업으로 하는 주민 수가 많았다.

비금도와 비교해 관광인프라는 부족하지만, 일반적인 생활상에서 잔잔한 삶의 정취를 느낄 수 있는 순수의 섬으로 알려져 왔다. 과거 관광객의 반 이상은 도초도를 비금도 여행의 일부로 생각했다. 비금도를 즐기다 도초도로 넘어와서 훌쩍 돌아보고 다시 다리를 건너가는 것이 일반적인 여행의 형태였다. 하지만 옛 선착장의 정취를 가지고 있으면서 간자미로 유명한 화도선착장, 신안에 하나밖에 없는 국립공원 야영장이 들어서 있는 시목해변, 주민들이 꼭꼭 숨겨온 프라이빗비치 가는게해변 등이 모두 도초도의 명소다.

거기에 15종 3만 그루의 수국이 심겨 있는 수국공원, 키 높은 팽나무가 4km 가까이 이어진 팽나무십리길이 생겨났으며 영화 〈자산어보〉의 촬영지도 이 섬에 있다. 이제 도초도 역시 하루에 돌아보기가 벅찰 만큼 관광자원이 묵직해졌다. 내가 원하는 여행 욕구를 채워줄 수 있다면 그보다 더 좋은 섬은 없다. 도초도는 걸어도 좋고 자전거를 타거나 캠핑으로 가면 더욱 빛이 나는 섬이다.

팽나무숲길

🚢 TRAFFIC

여객선
목포북항 → 도초도화도선착장
- 하루 6회 운항 | 2시간 5분 소요

압해도송공선착장 → 도초도화도선착장
- 하루 1회 운항 | 1시간 30분 소요

목포항여객선터미널 → 도초화도/비금수대선
착장
- 쾌속선, 하루 4회 운항 | 56분 소요

도초도 내 공영버스
- 1004호 : 동부권, 나박포 ↔ 이곡 방향 (하루
  6회 운행)
- 1013호 : 서부권, 나박포 ↔ 시목 방향 (하루
  6회 운행)

※ 여객선·버스 노선 및 운행시간은 신안군청
홈페이지 문화관광-교통정보 항목 참조

📷 PHOTO SPOTS

자산어보촬영장의 낙조
이준익감독은 자산어보의 촬영장소를 물색하다
흑산도가 아닌 도초도에 세트장을 세웠다. 도초
도 발매리에 있는 작은 저수지 원발매제 300m
위쪽 능선이 그곳이다.
세트장의 너머로는 우이도를 사이에 두고 하늘과
바다가 나뉘는 멋진 광경이 펼쳐진다. 그 때문에
세트장은 최근 SNS에서 핫스폿으로 인기몰이
중이다. 저녁 무렵이면 마루 너머를 빨갛게 물들
이는 특별한 낙조 광경을 카메라에 담을 수 있다.

아편바위, 문바위 가는 길
가는게해변 위쪽 능선에는 정자가 하나 있다. 이
곳에서 이어지는 좁은 산길을 따라가면 별안간
비금도의 그림산과 안산이 나타나 카메라 앞에
선다. 수평선 위로 솟아난 흑산도 그리고 문바위,
아편바위 등 형상석 또한 이곳에서 촬영할 수 있
는 절경들이다.

시목야영장 | 서남문대교

PLACE TO VISIT

시목해수욕장
임자도 대광해수욕장, 암태도 추포해수욕장, 비금도 원평(명사십리)해수욕장과 더불어 신안의 4대 해수욕장으로 꼽힌다. 유효 길이 1.5km에 달하는 해변이 둥글게 만입되어있으며, 수심이 낮고 바다가 잔잔해 안전하게 물놀이를 즐길 수 있다. 해변 뒤편으로 산책하기 좋은 숲길이 있다.

가는게해변
도초도에는 섬 주민들이 꼭꼭 숨겨 둔 그들만의 휴양지가 있다. 옆으로 가는 게의 모습을 닮았다고 하여 '가는게해변'이라 부른다. 폭이 100m가 채 넘지 않는 곱고 작은 백사장이 두 개의 암릉 속으로 깊이 들어가 있어 매우 오붓하다.

팽나무 10리길 '환상의 정원'
화도선착장에서 수국공원까지의 농수로 변에는 70~100년의 수령을 자랑하는 716그루의 팽나무들이 늘어서 있다. 이 팽나무들은 2010년 이후 전국 각지에서 기증받은 것이다. 폭 3m, 길이만 4km에 달하는 산책길에는 수국, 석죽패랭이, 수레국화 등이 함께 식재되어있다.

수국공원
수국공원은 폐교된 지남리 도초서초등학교 자리를 신안군에서 매입해 조성했다. 공원에는 15종 3만 그루의 수국이 식재돼있다. 공원은 전통정원, 수국공원, 소리마당, 웰빙정원 등으로 나뉘어 있으며 도초도에서는 매년 여름 수국축제를 열어 관광객 유치에 힘을 쓰고 있다.

 ## ACTIVITY

 ### 트레킹

큰산 등산 코스 (6.2km | 3시간)
시목해수욕장-큰산입구-숨터-정상-부엉이바위-임도 악어바위-시목해수욕장

라이딩

신안섬자전거길 6코스
(비금, 도초 코스 | 77km)
비금가산항-대동염전-성치산임도-이세돌바둑기념관-명사십리해변-원평해수욕장-하트해변-도초수국공원-시목해변-세계생태수도섬 방문자센터

캠핑

시목야장에서 4계절 캠핑이 가능하다. 차량은 야영장 내로 진입할 수 없으며 데크 위에만 텐트를 설치할 수 있다. 야영장은 선착순제로 운영된다.
도초도에서는 허가된 장소 외에서의 취사나 야영이 금지됐다. 다도해상국립공원 비금도초분소에서 드론을 띄워 실시간 감시를 하니 주의해야 한다.

 가는게해변

FOOD

화도선착장과 면사무소 부근으로 식당들이 밀집돼
있다. 육지와 같은 규모의 하나로마트가 있다. 화
도선착장에는 간자미회로 유명한 식당들이 있다.
특히 보광식당은 간자미 요리로 〈한국인의 밥상〉에
출연했던 집이다.

- 보광식당 : 삭힌 간자미/간자미된장국 (한국
  인의밥상 251회), 간자미회무침 (6시내고향
  4909회)
- 비룡식당 : 통 간자미탕, 간자미초무침 (6시내
  고향 6781회)
- 꽃띄움 : 꽃차, 시금치 피자 (6시내고향 7317회)

STAY

비금도에 비해 숙박시설이 많은 편은 아니다.
시목해변 주변으로 민박 10여 곳이, 여객선터미널
부근에는 모텔과 여관 6곳이 운영 중이다.
신안군에서 운영했던 도드림펜션은 2020년부터
'섬마을인생학교'의 프로그램 숙소로 이용되고
있다.

REFERENCE SITE & PHONE NUMBER

주요 기관 & 여행 안내
- 도초면사무소 (061-240-4007)
- 다도해상국립공원 비금도초분소 (061-275-
  1339)
- 목포도초농협 (북항 | 061-243-7916)
- 섬마을인생학교 (www.섬마을인생학교.com |
  02-336-0222)

교통
- 목포유진해운 (북항 | 061-244-0803)

음식
- 보광식당 (061-275-2136)
- 비룡식당 (061-275-3100)
- 꽃띄움(061-2393-7369)
- 돌고래회식당 (061-275-7337_
- 다래원 (061-275-7943)

캠핑 및 숙박
- 시목캠핑장 (061-275-1339)
- 안녕,노란집민박 (010-2854-2631)
- 코리아모텔 (061-261-8800)
- 창성장여관 (061-275-2014)
- 금성장 (061-275-2833)

수국공원

아편바위, 문바위 가는 길

자산어보 촬영지

염전

043

신의도

세상에 여행하기 나쁜 섬은 없다

안산성지

상서고분군

하의도

동리선착장

신의염전

삼도대교

신의도

굴암리

천왕봉

황성금리해변

신의도는 목포에서 서남쪽으로 40km 거리에 있으며 동북으로는 장산도 서쪽으로는 하의도와 인접하고 있는 섬이다. 본래 상태도와 하태도로 나누어진 두 개의 섬이었는데 간척사업을 통해 하나로 연결되었고 첫 글자를 따서 상하태도라 부르게 되었다. 하의면에 속해있던 상하태도는 1983년 신의면으로 독립되었고 이후 편의상 신의도로 통칭하고 있다.

섬을 돌아보면 지평선 끝까지 이어진 광활한 염전들판을 만나게 된다. 우리나라 최고의 염전지대로 우리나라 천일염의 25%가 이곳에서 생산된다. 청정 갯벌과 풍부한 일조량의 결과물이다. 사람들은 신안군의 섬들 중 관광인프라가 가장 부족한 섬으로 인식하고 있다. 세상에 여행하기 나쁜 섬은 없다. 신의도에도 바다와 섬들이 한눈에 조망되는 산행 코스와 아름다움과 한적함을 동시에 가지고 있는 해변이 있다.

황성금리해변

🚢 TRAFFIC

여객선

목포항 → 신의도 상태(동리)
- 차도선, 하루 3회 운항 | 2시간 소요

목포항 → 신의도 상태(서리)
- 쾌속선, 하루 2회 운항 | 1시간 16분 소요

하의도 내 공영버스
- 상태방향 : 하루 5회 운행
- 신의-하의방향 : 하루 5회 운행 (야간 1회 포함)
- 하태방향 : 하루 4회 운행
- ※ 여객선 · 버스 노선 및 운행시간은 신안군청 홈페이지 문화관광-교통정보 항목 참조

📷 PHOTO SPOTS

광활한 소금밭

신의도의 염전은 섬 면적의 반을 차지한다. 특히 하태도의 중간지점에서는 섬의 동쪽 끝에서 서쪽 끝까지 이어진 드넓은 소금밭을 볼 수 있다. 여느 섬과 다른 스케일을 촬영할 좋은 기회다.

동리선착장의 아침

동리선착장은 신의도의 관문이다. 아침이면 도선 한 척이 선착장으로 들어선다. 도선에는 부속 섬 고사도와 평사도의 주민들이 타고 있다. 뭍으로 나가기 위한 낙도 주민들의 아침 단상, 동리선착장의 아침은 유난히 붉게 밝아온다.

🖼 PLACE TO VISIT

황성금리

터가 좋은 곳을 황성이라 불렀고 해안이 안으로 휘어진 형태 즉 내만을 금(金)이라 하였다.

즉, 황성금리는 그런 해석이 너무도 잘 어울리는 풍광 좋은 해변이다. 두 개의 암봉 사이에 깊숙하게 자리하고 있어 무척이나 아늑하다. 진도군의 손가락 섬 주지도, 발가락 섬 양덕도, 구멍 섬 혈도, 사자섬 광대도가 해변 바로 앞바다에 떠 있고 또, 일출 광경을 직접 목격할 수 있어 눈이 더욱 즐겁다.

삼도대교

신의도와 하의도를 연결해 2017년 개통했다. 삼도란 과거 하의도, 상태도, 하태도가 하의면으로 포함돼있을 때 불렀던 이름으로 다리를 놓으며 당시의 끈끈함을 소환한 것이다. 신안군의 다이아몬드 제도는 향후 추포도와 비금도, 도초도(대야도, 능산도를 거쳐)와 하의도, 신의도와 장산도, 장산도와 안좌도에 다리가 놓이면 비로소 완성되며 모든 섬을 차량으로 오갈 수 있게 된다.

삼도대교

동리 선착장

ACTIVITY

 트레킹

천왕봉 산행 코스 (8km | 4시간 30분)
노은고개-노은당산-문필봉-천왕산-정수장 고
개-큰산 갈림길-큰산 왕복-봉수대-낙조전망
대-굴암선착장

 라이딩

신안섬자전거길 제8코스
(하의도, 신의도 코스 | 78km)
하의웅곡항-농민운동기념관-김대중대통령생
가-모래구미해변-큰바위얼굴-삼도대교-굴암리
항-황성금리해변-구만, 노은임도-동리항

 캠핑

황성금리 해변에서 캠핑과 차박 모두가 가능하
다. 단 차량 진입 시 바퀴가 모래에 빠지지 않도
록 주의해야 한다. 차박의 경우 1년에 딱 한 번
붐비는 피서철에는 해변 뒤편의 노지를 이용하
는 것이 좋다. 신의면사무소 바로 앞에 하나로
마트가 있다.

고평사도 도선

FOOD

 STAY

신의면사무소 부근으로 민박을 겸하는 식당들이
있다. 섬마을짜장은 로컬중식당으로 주민들에게는
맛집으로 통한다,

면사무소를 중심으로 10곳 정도의 숙박시설이 있
다. 시설 수준이 높지 않은 대신 숙박료가 저렴하
다. 민박 기준 방 하나에 3만 원 전후.

■ 희망가든 : 갈낙탕 (테이스티로드시즌3 17회)

굴 까기

📞 REFERENCE SITE & PHONE NUMBER

주요 기관 & 여행 안내
■ 신의면사무소 (061-240-4010)
■ 신안군문화관광 (tour.shinan.go.kr)

음식 및 숙박
■ 6형제소금밭 (061-271-6793)
■ 희망가든 (061-271-9886)

■ 섬마을짜장 (061-278-4321)
■ 혜원식당 (061-271-3518)
■ 목포식당 (061-271-6820)
■ 누나펜션식당 (061-271-8255)
■ 중앙민박 (061-271-7010)
■ 혜원민박 (010-7170-3518)

굴암마을

염전

044 하의도

큰 인물 큰 자취, 역사를 읽는 섬 여행

김대중대통령
생가

하의3도농민운동기념관

당두선착장

율곡선착장

신의도

거북바위

인동초의집

하의도

금성산

모래구미해변

큰바위얼굴

개굴바위

죽도

하의도는 유인도 9개 무인도 47개가 있는 신안군 하의면의 어미 섬이다. 목포에서 남서쪽으로 약 50.76km 해상에 위치하며 신의도(상하태도)와 연도되어있다. 하의도는 고 김대중 대통령의 고향이다. 하의도의 관문 웅곡항에서 대리마을로 이어지는 도롯가에는 천사상이 늘어서 있다. 신안군 '1도 1뮤지엄' 프로젝트로 조성된 울타리 없는 미술관의 작품들이다. 섬의 북쪽에는 김대중대통령생가를 중심으로 소금박물관, 해양테마파크가 들어서 있다. 게다가 멀지 않은 곳에 덕봉강당, 하의3도 농민운동기념관이 있어 짧은 동선으로 쉽게 돌아볼 수 있다. 하의도에서는 자전거 여행의 진수를 맛볼 수 있다. 특히 서쪽 해안으로는 푸른 바다를 마주한 채 구불구불 섬 허리를 따라 환상의 라이딩 코스가 이어진다. 하의도의 유일한 해수욕장 모래구미해변과 큰바위얼굴 모두 코스 내에 있다.

하의도는 다양한 여행 테마를 스스로 기획하고 도전해 볼 수 있는 섬이다. 단독으로 돌아봐도 좋지만, 이웃 섬 신의도와 연계하거나 또 신도나, 대야도 등 부속 섬과 함께라면 여정이 더욱 뿌듯해진다. 또 캠핑과 차박 그리고 트레킹과 라이딩으로 여행의 만족감을 한껏 높일 수도 있다.

🛳 TRAFFIC

여객선

목포항 → 하의도 웅곡항
- 하루 4회 운항, 차도선 2시간, 쾌속선 1시간 12분 소요

안좌도 → 신의도 야간운항
- 하루 2회 운항 | 1시간 소요

하의도 내 공영버스
- 1025호 : 웅곡 → 상리 방향(대통령생가) 하루 5회 운행
- 1005호 : 웅곡 → 하리 방향(피섬, 모실길 방향) 하루 5회 운행
※ 여객선 · 버스 노선 및 운행시간은 신안군청 홈페이지 문화관광–교통정보 항목 참조

📷 PHOTO SPOTS

모래구미 낙조

길이 100m, 폭 80m의 작은 해변으로 하의도의 서쪽 해안에 있다. 여름휴가철에는 피서객들로 붐비지만, 그 밖의 계절에는 찾는 사람이 드물어 빈 공간으로 남겨진다.
해변은 정확히 해가 지는 방향을 가리키고 있다. 해변 풍광과 어우러진 근사한 낙조 사진을 얻을 수 있다.

큰바위얼굴

죽도는 하의도 서남 끝점 해안도로가 지나는 앞 바다에 솟아있는 작은 무인도다. 죽도의 좌측면은 풍화와 침식작용으로 영락없는 사람의 옆얼굴 형상을 하고 있다. 사람들은 그 얼굴이 후세에 큰 인물 탄생을 예언한 것이라 믿어왔고 김대중 전 대통령으로 짐작하고 있다. 하의도 여행을 기념하는 인증샷을 남기기에 좋은 장소다. 큰바위얼굴은 해 질 무렵에 가장 아름답다.

🖼 PLACE TO VISIT

김대중대통령생가

후광리에 있다. 생가는 종친들에 의해 복원되어 1999년 신안군에 기증된 것으로 본채와 추모관 등 초가 4채로 구성돼있다. 추모관은 대통령과 이희호 여사를 함께 모시고 있으며 본채에는 대통령이 학생 때 사용하던 책상 등의 물건들이 그대로 놓여있다. 또한, 오래전 선거 벽보와 전시된 사진들을 통해 치열했던 당시의 정치 상황과 역경을 이기고 민주화를 이룩한 고인의 삶과 역사를 조명해 놓았다.
생가 뒤편에는 평화의 산책로, 천사상 미술관과 신안군에서 운영하는 유스호스텔이 자리하고 있으며 소금박물관 해양테마파크도 조성되어있다.

하의3도농민운동기념관

2009년 개관하였다. 농민항쟁은 임진왜란 후부터 1994년까지 350년간이나 이어진 불굴의 토지 반환 투쟁이었다. 여기서 3도란 하의도와 지금은 하나의 섬이 되어 신의면에 통합된 상태도와 하태도를 일컫는다.

덕봉강당

조선의 마지막 유학자이자 하의도 대리마을 출신의 김연은 을사조약이 체결되자 가거도에 들어가 은둔하였다. 이후 고향으로 돌아와 후학에 힘을 쏟았던 장소가 덕봉강당이다. 이곳에서 김연은 많은 제자를 길러냈으며 김대중 대통령도 어릴 적에 한학을 배웠다고 전해진다. 덕봉강당은 김연의 사후에 제자들에 의해 1965년 세워졌다.

※ 네비게이션과 지도에 덕봉강당을 찍으면 다른 장소로 안내하니 주소(신안군 하의면 대리 145)로 찾아가야 한다.

ACTIVITY

 트레킹
(15km | 4시간 30분)

김대중대통령생가-후광장로교회-소포저수지-
대리동편경로당-당두선착장-해안길-어은1구경
로당-해안길-모래구미-큰바위얼굴주차장-동구
리섬-피섬마을

캠핑

하의도 캠핑장소는 모래구미해변이 으뜸으로
꼽힌다. 잔디와 몽골 텐트를 설치했던 데크에
설영할 수 있다. 화장실과 수도도 상시 개방된
다. 차박은 삼도대교를 건너 신의도 쪽에 공간
이 많다.

라이딩

신안섬자전거길 제8코스
(하의도, 신의도 코스, 78km)

하의웅곡항-농민운동기념관-김대중대통령생
가-모래구미해변-큰바위얼굴-삼도대교-굴암리
항-황성금리해변-구만, 노은임도-동리항

김대중대통령 생가

FOOD

당두항과 능산도 사이의 바다에 대규모 전복양식이 이루어져 비교적 싼 가격에 구입할 수 있다. 웅곡항 하나로마트 뒤편으로 로컬식당들이 있다.

STAY

신안군청에서 운영하는 한옥펜션 '인동초의 집'과, 유스호스텔이 가장 인기가 있다. 또한, 웅곡항 주변으로 민박, 여관, 여인숙을 포함해 10곳 정도가 운영되고 있다.

REFERENCE SITE & PHONE NUMBER

주요 기관 & 여행 안내
- 하의면사무소 (061-240-4009)
- 김대중대통령생가 (061-275-4032)
- 신안군문화관광 (tour.shinan.go.kr)

음식 및 숙박
- 하의도 유스호스텔 (061-246-8808)
- 인동초의 집 (061-275-6729)
- 덕봉정민박 (061-275-4123)
- 유정여인숙 (061-275-4008)
- 하의민박 (061-275-4011)

- 중앙식당 (061-275-4080)
- 하의치킨 (061-284-6467)
- 황소식당민박 (061-275-4280)
- 미도여관식당 (061-275-4027)
- 연꽃섬민박식당 (061-275-3500)
- 정화식당여인숙 (061-275-4037)
- 중앙민박 (061-271-7010)
- 5선소금 (소금 판매 | 010-8967-9374)
- 하의전복 (010-2750-2018)
- 옥도낙지 (010-3619-1926)
- 후광낙지 (010-9083-7769)

덕봉강당

하의3도농민운동기념관

모래구미 해변

자전거길

큰바위얼굴

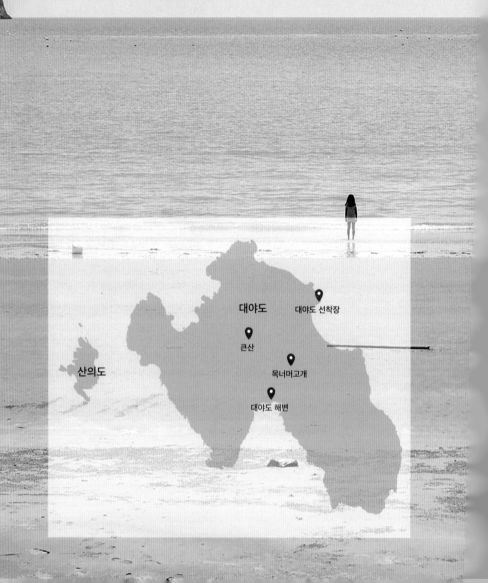

045 대야도
꼭꼭 숨겨진 프라이빗비치를 찾아서

대야도

대야도 선착장

큰산

산의도

목너머고개

대야도 해변

대야도는 신안군 하의도의 부속 섬으로 행정구역은 하의면 능산리에 속한다. 커다란 산봉우리 하나가 바다 위에 우뚝 솟아있는 듯한 모습의 섬이다. 대야도는 관광객들이 쉽게 만날 수 있는 섬이 아니다. 찾아가는 길도 멀고 또 볼거리나 먹거리가 풍부하지 않다. 하지만 현대식 건물 하나 없는 섬마을에는 세월의 흔적이 느껴지는 낡은 집들과 돌담 그리고 시간이 멈춰진 골목마다 예스러운 정취가 고스란히 남아있다. 하지만 섬의 숨겨진 스폿은 따로 있다. 섬의 하나뿐인 임도를 따라 '목너머' 고개를 넘어가면 탄성이 절로 나는 바다와 아름다운 백사장이 모습을 드러낸다. 해변은 바다를 향해 뻗어있는 U자형의 섬 능선 사이 제일 깊은 곳에 놓였다. 그 때문에 더할 수 없이 아늑하다. 남향의 해변은 태양 아래 반짝이고 바다는 남해를 연상시킬 만큼 푸르다. 게다가 밀물이 되어도 백사장 전체가 잠기는 일은 없다. 언덕 위 송림 그늘에는 알파인텐트 한 동 정도 올라갈 크기의 평상이 5개가 설치되어있다. 마을 이장님이 여행객의 도우미를 자처하는 섬, 대야도는 캠핑으로 즐기기에 참 좋은 섬이다.

※ 2020년 7월 하의도 당두를 기점으로 능산도와 대야도를 거쳐 도초면 시목을 왕복하는 정기 카페리여객선 슬로시티 3호가 운항을 시작했다. 증도-자은 간 슬로시티 1호, 송도-병풍 간 슬로시티 2호에 이어 신안군청이 운영하는 세 번째 여객선 공영제 항로다.
운임은 사람 1,000원, 차량은 승용차 기준 2,000원으로 구간 관계없이 동일하다.

마을 입구

TRAFFIC

여객선
목포항 → 웅곡항, 웅곡항 → 대야도

- 목포항 → 하의도 웅곡항
  차도선, 하루 1회 05:50 출항 | 2시간 소요
  쾌속선, 하루 1회 06:00 출항 | 1시간 12분 소요
- 하의도 웅곡항 → 대야도
  하루 2회 운항 | 40분 소요

도초도 시목항 → 대야도
- 하루 4회 운항 | 21분 소요

하의도 당두항 → 대야도
- 하루 2회, 08:00, 12:10 출항 | 26분 소요
- 슬로시티 3호(하의 당두 → 능산도 → 대야도 → 도초 → 시목)로 차량 입도 가능

PHOTO SPOTS

해변 이미지
대야도 해변에서는 사람이나, 풍경 어떤 것을 찍어도 그림이 된다. 해변의 모습은 시간의 흐름에 따라 사뭇 다른 감성을 자아낸다. 한낮의 푸르름도 좋지만, 저녁 무렵 해변의 쓸쓸한 모습은 한적한 섬에서 담아낼 수 있는 귀한 감성이다.

마을 속 흔적들
마을에는 빈집들이 많다. 사람이 떠나면 집도 더욱 빨리 늙는다. 그런데도 마을 길을 걷다 보면 매우 정갈한 인상을 받게 된다. 오랜 세월 경계를 지켜온 돌담 때문이다.
대야도의 정서가 그리움이라면 돌담 안팎에 놓인 흔적들을 찾아보는 일도 의미가 있다.

양식장을 지키는 개

선착장

ACTIVITY

 트레킹

선착장에서 마을까지는 700m, 해변까지는
1.5km에 지나지 않는다. 면적 4.260km²의 대
야도에서 사람이 사는 영역은 7%에 불과하다.
면적 대부분을 차지하고 있는 산지의 가장 높은
봉우리는 310m다. 2024년 현재는 산행이 불가
하지만, 추후 탐방로가 정비되어 트레킹이 가능
해질 예정이다.

 캠핑

백패커들이 가끔 해변을 찾아 캠핑하지만, 차량
입도가 가능한 섬이라 차박도 큰 어려움이 없
다. 단 작은 섬의 특성상 여러 팀이 동시에 캠핑
이나 차박할 수 있는 공간은 부족하다.
작은 섬에서의 캠핑은 개인이나 가족 또는 5인 이
내의 소모임으로 진행해야 문제가 생기지 않는다.

 FOOD

식당과 슈퍼가 없다. 식재료는 준비해서 입도해야
한다. 하의도 웅곡항에 하나로마트가 있다.

 STAY

이장을 통해 마을 시설을 대여하거나 민박을 소개
받을 수 있다.

☎ REFERENCE SITE & PHONE NUMBER

안내 및 교통
- 이장 (정정균 010-8667-5607)
- 섬사랑 3호 (하의 웅곡-대야도선착장 | 해광운
  수 061-283-9915)
- 슬로시티3호 (하의 당두-대야도-도초 시목,
  010-9452-1363)
- 신안군문화관광 (tour.shinan.go.kr)

큰산

046

하의신도

누구나 한 번쯤 상상했던 동화 속 섬

신도선착장

마을

하의신도

마을

신도교회

항도

신도해변

신우대숲

우리나라에는 신도라는 이름을 가진 섬이 많다. 그래서 이곳 사람들은 다른 신도와 구별하기 위해 하의신도라 부른다. 여행을 좀 다녔다는 사람들조차 듣도 보도 못한 이 섬에는 국토해양부(국토교통부의 전신) 시절 '우리나라 아름다운 해수욕장 15선'에 뽑힐 만큼 탁월한 뷰를 자랑하는 해변이 있다. 입자가 곱고 단단한 모래로 이뤄진 백사장은 밀물 때도 위축되지 않을 만큼 광활하다. 마치 동해를 방불케 하는 수질에 언덕 위로 울창한 송림이 형성되어있어 가족 휴양지로 더할 나위가 없다.

1.6km²의 작은 섬, 길이라고는 선착장에서 해변을 잇는 차도가 고작이다. 하지만 길 따라 펼쳐지는 섬 풍경은 오래전에 멈춰진 듯 현대식 건물 하나 들이지 못했다. 흔한 식당, 펜션, 슈퍼 하나 없고, 민박도 몇 집이 여름 한 철 슬그머니 열었다가 언제 그랬냐는 듯 접고 만다.

하의신도를 가장 슬기롭게 여행하는 방법은 캠핑이다. 먹을 음식도 미리 준비해야 하며 목포항에서 여객선에 올라 하의도 웅곡항에 내리고, 대기하고 있는 낙도보조선으로 갈아타는 불편한 여정을 감수해야 한다.

하지만 해변 뒤편으로 이어진 신우대 숲, 물이 들면 또 다른 섬이 되었다가 물이 빠지면 백사장과 연결되는 무인도 항도, 인생 노을 그리고 한여름 휴가철에도 온 해변을 독차지할 만큼의 여유로움이 그 불편함을 넘치도록 보상한다.

하의신도는 어린 시절, 누구나 한 번쯤은 상상했던 동화 속 그 섬을 닮았다.

신도해수욕장

🚢 TRAFFIC

여객선
목포항 → 하의도 웅곡항
- 차도선, 하루 1회 05:50 출항 | 2시간 소요
- 쾌속선, 하루 1회 06:00 출항 | 1시간 12분 소요

하의도 웅곡항 → 신도
- 하루 2회, 08:00, 12:10 출항 | 40분 소요

고깃배

신우대

📷 PHOTO SPOTS

낙조
하루가 저물 때면 붉은 기운은 항도 너머 바다를 물들이고 백사장까지 밀려든다. 유난히 붉은 낙조의 발원지는 우이도의 부속 섬 동소우이도다. 태양이 수평선 너머로 사라졌다고 해서 시야를 접어서는 안 된다.

신우대길
해수욕장 뒤편에는 사람 키의 몇 배로 자라난 신우대 숲이 있다. 높이와 무게를 못 이겨 휘어진 신우대는 자연스레 터널을 만들어냈다. 별다른 트레킹 코스가 없는 신도를 산책하며 기념샷을 찍기에 좋은 장소다.

낙조

ACTIVITY

트레킹

신도에는 두 개의 마을이 있다. 선착장 마을과 해변 뒤편의 마을이다. 선착장에서 두 개의 마을을 거치고 해변까지 걸어봐야 고작 2.5km다. 천천히 산책하듯 걷다 보면 보리수나 산딸기도 눈에 들어온다.

캠핑

신도는 캠핑으로 여행하기에 아주 좋은 섬이다. 백사장 위편의 해송 숲 아래 혹은 백사장에 텐트를 쳐도 아무런 문제가 없다. 밀물 때도 해변이 넓게 유지가 되기 때문이다.

FOOD

신도에는 식당이 없다. 주민들의 고깃배에서 생선 등을 살 수는 있지만, 행운은 항상 있는 것이 아니다. 입도하기 전에 식재료를 준비해야 한다. 하의도 웅곡항의 하나로마트가 도움이 된다.

STAY

신도 해변 좌측 끝 언덕에 민박이 한 곳 있다. 하의초등학교 신도분교 행정실 주사로 근무하다 퇴직한 박동일 선생이 주인이다. 섬에 들어온 지 43년이 되었지만, 신도가 좋아 퇴직금으로 민박을 마련했다. 하루도 빠짐없이 해변을 청소하고 섬을 찾아오는 여행자들에게 안내자 역할도 마다하지 않는다.

REFERENCE SITE & PHONE NUMBER

교통
- 섬사랑 15호 (하의웅곡 → 신도선착장, 010-7160-3232)

숙박
- 동일민박 (010-4722-4415)

캠핑

047 우이도
이런 섬 또 없습니다

진리 선착장

성촌해변

우이도

모래언덕

상산

돈목해수욕장

우이도는 목포에서 여객선을 타고 3시간 40분을 가야 하는 섬이다. 우이도에는 세 개의 마을이 있다. 여행객들은 대부분 2구 돈목마을에 내려 여장을 푼다.

한때 동양 최대 규모였던 풍성사구가 이곳 돈목해변에 있다. 최근에는 모래가 유실되어 다소 왜소해졌지만, 한적한 해변과 어우러진 모습은 여전히 근사하다. 풍성사구 너머 있는 성촌해변은 또 다른 분위기다. 돈목해변이 해안을 따라 부드럽게 만입되어 작고 온화한 느낌이라면 성촌은 바다를 향해 거침없이 모습을 펼쳐 보이는 대형 해변이다. 우이도에는 두 곳 말고도 '띠밭너머해변'을 포함 크고 작은 백사장이 해안을 따라 즐비하다.

돈목해변과 성촌해변을 갈라놓은 어귀에 성촌이라는 아주 작은 마을이 있다. 우이도가 최근 일반 대중에 많이 알려진 것은 〈섬총사〉란 예능프로그램의 역할이다. 성촌마을에 가면 지금도 촬영 당시 김희선과 정용화가 머물렀던 집을 쉽게 찾을 수 있다.

돈목마을에서 1구 진리마을로 가기 위해서는 산길을 따라 3km 이상을 걸어야 한다. 면적 10.7km²의 우이도에는 차가 다닐 수 있는 도로가 없다. 산길을 따라 걷다 보면 집터와 돌담 등 사람이 거주했던 흔적을 만나게 된다. 지금은 사라져 버린 대초리마을 터다. 불과 20여 년 전까지 사람이 살았지만 세월은 그들의 자취를 무상하게 지워버렸다.

진리는 도초면 사무소 우이도 출장소와 치안센터가 있는 제법 큰 마을이다. 마을 초입에 들어서면 돌담으로 둘러싸인 밭과 밭 사이 정약전 유배지란 팻말이 눈에 띈다. 하지만 아쉽게도 전해져 내려오는 것은 집터가 전부다. 신유박해로 인해 흑산도로 유배를 떠난 정약전은 우이도에서 마지막 생을 보냈다.

우이도가 비교적 육지와 멀리 있고 교통편이 불편한 것이 때론 다행이란 생각이 든다. 어떤 곳과 비교해도 손색이 없는 해변들이 인위적인 치장 없는 민낯으로 남겨져 있는 까닭이다.

돈목마을 돈목해변

TRAFFIC

여객선

목포항여객선터미널 → 우이2구 돈목항

- 하루 1회, 11:45 출항 | 3시간 40분 소요

PHOTO SPOTS

돈목해변 낙조

돈목해변에서는 일품 낙조를 감상할 수 있다. 해변의 서쪽을 향하고 있는 데다 동그랗게 만입되어있어 촬영지점을 포착하기가 쉽다.

성촌해변 풀등

성촌해변의 우측 끝점 마두산 아래에는 기이한 모양의 바위들이 해변을 향해 돌출되어있다. 밀물에 들어왔던 바닷물이 채 빠지지 못하고 바위 사이의 모래톱에 걸려 작은 풀등을 만들어내기도 한다.

상산봉

상산봉의 들머리는 진리마을을 1.5km가량 남겨놓은 물랑 삼거리다. 이곳에서 상산봉까지는 가파른 경사를 치고 올라야 한다. 높이 361m의 상산봉 정상에 서면 발아래 해안지형과 산세의 흐름부터 동소우이도, 서소우이도, 저 멀리 비금, 도초 옆으로는 대야도, 신도의 모습까지 360도의 파노라마로 펼쳐진다.

PLACE TO VISIT

풍성사구

20년 전만 하더라도 풍성사구의 높이는 100m에 달했고 폭도 50m가 넘었다고 기록되어있다. 하지만 현재는 모래가 유실되어 전면부는 움푹 꺼지고 높이도 30~40m에 불과하다. 주변으로는 많은 잡초와 식물들이 자라나 사구로의 모래 유입을 막고 오히려 면적을 침식하는 현상만이 반복되었기 때문이다. 현재 사구 위쪽의 탐방을 제한하고 자연 복원 중이다.

홍어장수 문순득 생가

진리마을 내에 문순득의 생가가 있다. 1801년 영산포로 홍어를 팔기 위해 떠났던 홍어장수 문순득의 표류기(풍랑을 만나 오키나와, 필리핀, 마카오, 난징, 베이징을 돌아 4년 만에 고향으로 돌아온 이야기)를 직접 들은 정약전이 '표해록'이란 책에 대필하였다. 우리가 알고 있는 '표해시말'은 정약전 사후에 우이도로 유배됐던 이강회가 '표해록'을 본으로 하여 누락된 부분을 보완해 쓴 글이다

진리선창

'우이선창'이란 이름을 가진 진리마을의 옛 선창은 지어진 지 300년을 훌쩍 넘었다. 형태가 온전하게 남아있는 국내 유일의 전통 포구다. 옛 선창은 근래 들어 배를 건조하고 수리하던 곳으로 쓰였고 현재도 선박들의 피항장으로 활용되고 있다.

상산봉

ACTIVITY

우이도를 제대로 돌아보려면 1구 돈목해변 중앙에서 산길을 이용 2구 진리로 넘어와, 목포에서 들어오는 오후 배(오후 3시 40분경 진리 도착)를 타고 다시 돈목으로 돌아가는 방법이 좋다. 도중에 가장 높은 봉우리(산상봉 361m)를 경유하고 진리마을을 천천히 탐방하기를 원한다면 최소한 오전 10시 이전에 서둘러 출발해야 한다.

 트레킹
(4km | 2시간)

돈목해변(중앙 들머리)-대초리마을터-몰랑삼거리-저수지-정약전유배지-진리마을-선진리선착장

 등산

상산봉 (왕복 2.4km | 2시간)
- 몰랑삼거리-정상-몰랑삼거리

캠핑

다도해 국립공원에 속해있고 천연기념물 풍성 사구가 있는 우이 2구의 해변은 국립공원관리공단의 지역 지킴이가 상시 관리 감독을 하고 있으며 원칙적으로 야영과 취사를 할 수 없다. 단 마을 안의 사유지나 민박집 마당을 협조받아 캠핑하는 경우가 종종 있으며 해수욕장 개장 기간에 한해 부분적으로 허용되기도 한다.

항도

🍴 FOOD

우이도 민박의 밥상은 먼 섬의 특성상 해산물을 주재료로 한다. 고기 생각이 나지 않을 정도로 가짓수도 많고 맛이 있으니 기대할 만하다.

🏢 STAY

3개 마을에 15곳이 넘는 민박이 있다. 휴가철 가족과 함께 계획한 여행이라면 해변이 바로 앞에 있는 성촌마을이나 돈목마을 내에 숙소를 잡는 것이 유리하다.

📞 REFERENCE SITE & PHONE NUMBER

주요 기관 & 여행 안내
- 도초면사무소 우이도출장소 (061-261-1866)
- 다도해해상국립공원 우이도 관리인 (박화진 010-4618-4455)

교통
- 해광운수 (섬사랑 6호, 061-283-9915)

음식 및 숙박
- 성촌민박 (성촌, 010-6750-5181)
- 별촌민박 (성촌, 061-261-1520)

- 초원민박 (성촌, 061-261-1842)
- 신안민박 (성촌, 061-262-1798)
- 다모아 민박 (돈목, 061-261-4455)
- 한승미민박 (돈목, 061-261-1740)
- 공간사랑민박 (돈목, 010-7192-8912)
- 모래산민박 (돈목, 061-261-1920)
- 우림장민박 (돈목, 061-261-1860)
- 초월민박 (061-261-1520)
- 보리수민박 (돈목, 010-2703-4545)
- 설희네민박전 (진리, 061-262-7056)
- 어울림민박펜션 (진리, 061-262-7056)

사라진 마을 대초리 | 성촌민박
정약전 적거지 | 진리마을

돈목해변 성촌마을

풍성사구

048

흑산도
자발적 유배 자발적 여행

가도

소장도

열두굽이길
흑산항
한반도 지도바위

대장도

큰재삼거리
배낭기미해수욕장

흑산도

면암 최익현 유허비

영산도

유배문화공원

흑산도는 이미 우리나라를 대표하는 섬 관광지다. 평일에도 여객선이 꽉꽉 들어찰 만큼 인기가 있다. 100여 개의 섬으로 이루어진 흑산면에는 우리가 잘 아는 가거도, 만재도, 홍도가 포함된다. 가히 쟁쟁한 스쿼드다.

흑산도 여행은 대개는 2010년 개통된 25km 해안순환도로를 따라 이어진다. 산이 많고 면적이 큰 흑산도를 도보로 여행한다는 것은 여간 어려운 일이 아니다. 대개는 여행사의 패키지상품이 중심을 이루며 개별 여행객들도 관광버스나 택시에 의존하게 된다. 그런데 성수기나 주말에는 이마저도 쉽지 않다. 단체 여행객들만으로 만원을 이루기 때문이다.

흑산도를 여행하는 가장 슬기로운 방법은 섬을 찾는 횟수를 늘리는 것이다. 첫 번째 여행에서는 버스투어를 통해 동선과 명소들을 확인하고 두 번째 여행부터는 공영버스나 도보를 이용해서 차근차근 돌아보면 된다. 칠락산을 올라 상락산으로 내려오며 아득한 섬 군락의 신비를 만끽하거나 자전거를 가지고 들어와 구불구불 해안도로를 마음껏 달려봐도 좋다(이때 시계방향으로 돌기를 권한다. 열두굽이길을 오르다 탈진할 수도 있으니까).

흑산도 여행이 더욱 다채로울 수 있는 또 하나의 요소는 주변 섬들의 존재다. 예리항에서 도선으로 떠나는 섬여행도 매우 흥미롭다. 영산도, 대장도, 대둔도, 다물도 등 작은 섬들도 숨겨진 비경과 이야기를 가지고 있다.

하늘도로

🚢 TRAFFIC

여객선

목포항여객선터미널 → 흑산도 예리항
- 하루 4회 운항 | 소요시간 2시간

목포 송공항 → 흑산
- 하루 1회 운항(매주 일요일 휴항)
- ※ 송공항 노선은 사전에 해진해운(061-261-4221)에 확인

투어

- 버스투어 : 1시간 30분 | 1인당 18,000원
- 택시투어 : 2시간 | 4인 기준 70,000원
- ※ 버스는 인당 요금, 택시는 4인 기준이다. 흑산도에는 총 7대의 택시가 있다.

흑산도 내 공영버스

- 동면방향 : 예리-사리-비리-읍동-예리 순환 노선. 하루 4회 운행
- 서면방향 : 예리-진리-읍동 노선 하루 7회, 예리-읍동-비리-사리-예리 순환 노선 하루 4회 운행

- ※ 여객선·버스 노선 및 운행시간은 신안군청 홈페이지 문화관광-교통정보 항목 참조

📷 PHOTO SPOTS

열두굽이길

진리2구 읍동마을을 빠져나가 600m쯤 직진했을 때 일주도로는 급속도로 구불대기 시작한다. 바로 상라산(229m)을 뱀처럼 타고 오르는 열두굽이길이다. 흑산도아가씨 노래비가 세워져 있는 고갯마루까지 10여 분, 여기서 다시 도보로 상라정 전망대까지 올라가야 한다. 전망대에서는 흑산도 제일의 인증 포인트 십이굽이길의 오롯한 모습은 물론 예리항까지 시야가 펼쳐지며 뒤돌아서면 부속 섬 대장도와 소장도가 손에 닿을 듯 선명하다.

지도바위

지도바위는 하늘도로 초입의 해안가에는 있는 구멍 뚫린 바위다. 구멍의 형태는 영락없이 한반도를 빼닮았다. 오랜 세월 침식작용이 만들어낸 절묘한 결과물이다. 위치에 따라 다르게 보이니 촬영지점을 잘 찾아야 한다.

칠형제바위

태풍 때문에 어머니가 물질을 못 하게 되자 일곱 형제가 바다로 뛰어들어 7개의 작은 섬으로 변했다는 전설이 깃들어있다. 칠형제바위는 사리포구의 천연 방파제 역할을 한다. 바닷속 호수 같은 느낌의 사리포구는 고운 물색에 오붓함마저 더해진 흑산도 최고의 절경 중 하나로 손꼽힌다.

흑산도 일출

PLACE TO VISIT

옥섬
읍동마을 우측의 방파제 끝에는 작은 섬 하나가 있다. 다리로 연결된 이 섬의 이름은 옥도다. 옥도의 옥은 감옥을 의미한다. 옥도에는 작은 굴이 있는데 그곳에 해적이나 죄인들을 가둬놓았다.

유배문화공원
'유배문화공원'에는 백제 왕자로부터 조선말 최익현에 이르기까지 유배됐던 인물들의 비석과 자산어보와 관련된 조형물 등이 세워져 있다. 게다가 유배체험을 할 수 있는 숙박 시설까지 마련해 놓았다. 유배가 여행의 테마가 될 수 있음을 보여주는 기발한 공간이다.

철새박물관 | 새공예박물관
흑산도는 철새들의 중간 기착지다. 흰꼬리수리가 번식하는 섬이며 국내에서 가장 많은 420여 종의 철새가 흑산도 권역에서 관찰된다. 지상 2층으로 조성된 철새박물관은 희귀종인 흰배줄무늬수리와 바다쇠오리 등을 포함해 800여 점의 조류 표본을 소장하고 있다.
새공예박물관은 새와 관련한 목각, 공예품을 약 700여 점 소장 전시하고 있다. 전시장은 '흑산도의 동박새', '세계의 조류' '조류 공예품' 등 3개의 테마로 이루어졌다. 또한, 박물관 외부 공원에는 다양한 조형물과 포토존이 마련돼있다.

흑산도아가씨 노래비

유배문화공원

ACTIVITY

🚶 트레킹
(6.5km | 3시간 30분 소요)
■ 칠락산 등산 코스 (11km /5시간)
예리항−샘골−칠락산−큰재삼거리−상라정−철새박물관−예리항

■ 진리해안길(8km | 3시간)
흑산도아가씨동상−흑산항−지석묘군−박득순미술관−최익현유배지−배낭기미해변−새조각공원−흑산도아가씨노래비−상라산봉수대

🏕 캠핑
전역이 국립공원으로 지정돼있는 흑산도에서는 원칙적으로 야영과 취사가 금지돼있다.
단 국립공원관리공단 흑산도분소가 있는 배낭기미해변의 경우 데이캠핑(반나절 캠핑)이, 5월부터 9월까지에 한해 전일 캠핑이 허용된다.

🚴 라이딩
신안섬자전거길 제7코스
(흑산도 코스, 25km | 2시간)
흑산항−배낭기미−상라산−지도바위−하늘도로−유배문화공원−샛개해변−가는게해변−흑산항
※ 일주도로와 코스와 대부분 일치한다.

🚢 유람선
(2시간 간격 운항 | 28,000원)
■ 1코스 : 다물도 코스 (1시간 40분 소요)
■ 2코스 : 영산도 코스 (1시간 40분 소요)
■ 3코스 : 흑산도 일주 코스 (2시간 소요)
■ 기타 : 선상일출 코스 (1시간 소요)

🍴 FOOD

흑산도 홍어는 긴 줄에 일정한 간격으로 낚싯바늘을 달아맨 주낙으로 잡는다. 게다가 미끼가 없는 건주낙(걸락) 방식이다. 이러한 전통적 방식의 흑산도 홍어잡이는 '국가주요어업유산'으로 선정됐다. 예리항 주변으로는 홍어를 판매하는 식당과 상점들이 즐비하다. 여행객들은 숙성 정도를 원하는 수준으로 선택할 수 있으며 심지어는 삭히지 않은 홍어도 맛볼 수 있다.

한편, 장어간국, 우럭간국도 흑산도만의 별미로 꼽힌다.

- 큰바다수산횟집 : 홍어 (VJ특공대 733회)
- 푸른수산 : 홍어 (2TV 생생정보 408회)
- 대박식당 : 홍어 (6시내고향 7115회)
- 성우정식당 : 홍어 (생생정보 54회)

🏠 STAY

흑산항(예리) 부근과 진리에 대부분의 모텔, 여관, 민박이 밀집돼있다. 심리와 사리의 민박집들은 현재 대다수 휴업한 상태다.

흑산홍어

사리포구

📞 REFERENCE SITE & PHONE NUMBER

주요 기관 & 여행 안내
- 흑산항 관광안내소 (061-246-5191)
- 흑산면사무소 (061-240-8357)

교통
- 남해고속 (www.namhaegosok.co.kr | 061-244-9915)
- 동양훼리 (www.ihongdo.co.kr | 061-243-2111~4)

음식점
- 큰바다수산횟집 (홍어, 061-262-7888)
- 태양식당 (우럭간국, 061-275-9239)
- 성우정식당 (홍어, 061-275-9101)
- 푸른수산 (홍어, 061-261-6319)
- 대박식당 (홍어, 061-284-9909)
- 영생식당 (해물찜, 061-275-7978)
- 우리음식점 (홍어, 061-275-9030),
- 행복해식당 (생선회, 061-275-8886)
- 15번홍어집 (홍어, 061-275-5033)

숙박
- 코리아모텔 (061-246-3322)
- 흑산비치호텔 (061-246-0090)
- 흑산리조트 (www.흑산리조트.com | 010-7670-6003)
- 흑산도 통나무펜션 (loghouseheuksan.modoo.at | 010-3300-2917)

새공예박물관 | 옥도
지도바위 | 구무여

049

영산도

섬 여행에도 명품은 있다

전망대

선착장 부뚜막 캠핑장

영산도

얼굴바위

남근바위

석주대문

파수문비룡폭포

흑산도 동쪽 해안에서 4km 정도 떨어진 다도해해상국립공원(흑산, 영산도 지구)에 속한 섬이다. 유네스코 생물권보존지역에다 2013년에는 환경부 생태 우수 마을로도 선정된 영산도는 이름처럼 신비하고 조용한 힐링의 섬이다. 한때 80여 가구가 북적였던 마을은 이제 20여 가구만이 남아 미역, 홍합, 톳 등을 채취하며 살아간다. 최근 영산도는 주민 모두가 함께 만들어가는 섬 재생의 모델이 되었다. 펜션과 마을식당 캠핑장 등의 편의시설을 갖추고 등산 탐방로를 조성했으며 '나만의 열두 가지 휴식'이라는 체험프로그램도 마련해두었다. 영산도는 일일 탐방객 수를 40~50명 선으로, 체류기간 역시 3박 4일 이내로 제한하고 있다. 섬을 보존하고 또 여행의 가치를 높이기 위해서다. 영산도에서 빠뜨리지 말아야 할 것이 있다면 바로 해상관광이다. 그중에서도 '코끼리 코 바위'로 불리는 '석주대문'은 그 크기와 생김새가 가히 독보적이다.

'명품마을 100년'을 꿈꾸는 영산도, 마을식당 '부뚜막'에서 최고의 섬 밥상을 맛보며 휴양의 정수를 경험하려면 예약은 필수다.

뒷산봉우리

🚢 TRAFFIC

여객선
목포항여객선터미널 → 흑산도 예리항
- 하루 4회 운항 | 2시간 소요

도선
예리항 → 영산도
- 하루 1회, 10:00 출항 | 20분 소요
- 오후 배는 별도 연락 시 운항

📷 PHOTO SPOTS

석주대문
영산도 남서쪽에 있는 해안 침식지형의 걸작이다. 일명 코끼리바위로 알려진 석주대문은 30t급 배가 드나들 수 있는 아치를 자랑하는 섬 최고의 볼거리다. 체험프로그램 중 하나인 해상투어를 통해 비성동굴, 파수문, 비류폭포, 기봉조휘, 고래바위, 큰 바위 얼굴, 낙타상 등 자연이 만들어낸 최고의 비경들도 두루 감상할 수 있다.

영산도 전망대
마을 초입에 탐방로의 들머리가 있으며 그곳으로 조금만 오르면 전망대가 나타난다. 마을과 앞바다를 포함한 섬의 전경을 가장 또렷하게 촬영할 수 있는 장소다.

🖼 PLACE TO VISIT

전교 1등 도서관
학생 수가 적은 섬 학교의 현실을 낭만적인 의미를 붙여 지은 이름을 지었다. 영산도에서는 누구나 전교 1등이 될 수 있다는 취지로 만든 조그만 도서관.

영산분교
흑산초등학교 영산분교는 2021년 2월 마지막 재학생이 졸업하고 상급학교에 진학하면서 현재 휴교 상태다. 현재는 분교 나눔터로 조성 워크숍 장소로 활용 중이다.

벽화

마을 펜션

ACTIVITY

 트레킹

영산십리길은 마을에 이어 뒷산 봉우리와 능선, 후박나무숲을 돌아오는 친환경 생태길로, 탐방 코스가 포함된 '나만의 12가지 휴식'은 한국환경 산업기술원의 환경성적표지(탄소발자국) 인증 프로그램이다.

 캠핑

마을 내에 피크닉장과 캠핑장이 있다. 피크닉장이 데크로 되어있는 반면, 캠핑장은 돌바닥이라 팩다운을 할 수 없다. 영산도에서의 캠핑에는 자립식 텐트가 유리하다.

전망대에서

🍴 FOOD

부녀회에서 운영하는 '부뚜막'은 섬의 유일한 식당으로 식사를 위해서는 미리 예약해야 한다. 섬에서 직접 채취한 해산물, 생선회 등이 조합된 메뉴는 여행객들에게 평가가 매우 좋다. 펜션에서 직접 취사를 하려면 식자재를 준비해서 입도해야 한다.

※슈퍼 없음

🏨 STAY

마을에서 운영하는 펜션이 있다. 예약은 최성광 이장(010-4098-7335)에게 직접 해야 한다. 펜션은 총 8동이며, 4인 기준으로 평수에 따라 7~13만원이다.

📞 REFERENCE SITE & PHONE NUMBER

주요 기관 & 여행 안내
- 영산도운영위원장 (최성광 010-4098-7335)

- 사무국장 (010-7330-7335)
- 사무장 (010-6660-9781)

야영장

석주대문

050 대둔도

평범함 속에 감춰진 역대급 낙조 스폿

선비위

선착장

성암산

대둔도

소모래미

구멍바위

목섬

당산

구멍바위

흑산도 북서쪽으로 3.2km 거리에 있는 섬 대둔도는 흑산군도를 이루는 4개의 위성 섬 중에서 가장 큰 면적을 자랑하며 주민 수도 제일 많다. 목포에서 출항한 아침 쾌속선은 흑산도로 들어가기 전 대둔도의 앞바다에 잠시 기항한다. 이때 종선이 마중을 나와 쾌속선에서 내린 사람과 물건들을 태워 나른다. 물론 주민들은 그 시간 외의 교통수단으로 흑산과 이어지는 도선에 의지한다. 대둔도는 오리, 도목리, 수리라는 이름을 가진 총 3개의 마을이 있다. 수리마을은 대둔도의 행정 중심지로 면 출장소와 초등학교가 자리하고 있다. 2019년 현재 학생 6명에 교사 2명이 근무 중이다. 3개의 마을은 고개를 타고 차도로 연결되어있다. 그 길은 전망이 좋고 부담스럽지 않아 걷기에 좋다. 주변의 섬들과 마찬가지로 대둔도 역시 앞, 뒤 바다에 우럭 가두리와 전복양식장을 펼쳐두고 있다. 규모가 사뭇 커서 최근에는 외국인 근로자들도 섬에 들어와 양식작업을 돕는다.

대둔도는 관광인프라가 많은 섬은 아니다. 하지만 순수한 자연과 더불어 섬 주민들의 삶을 가까운 곳에서 볼 수 있는 곳이다. 생각을 정리하거나 혼자만의 시간이 필요할 때, 훌쩍 다녀오기에 적당한 섬이다. 주민들의 인심이 좋다.

오리앞바다

🚢 TRAFFIC

여객선
목포항여객선터미널 → 흑산도 예리항
- 하루 4회 운항 | 1시간 50분~2시간 20분 소요

도선
예리항 → 오리 → 도목리 → 다물도 → 수리
- 하루 2회 운항 | 50분 소요
- 매일 10:00, 2:30경 출항,
- 4~9월은 월, 수, 금 증편(18:00 출항)

📷 PHOTO SPOTS

터널바위
도목마을선착장 끝에는 높이 15m는 될법한 바위가 우뚝 서 있다. 앞뒤로 뻥 뚫려 이곳 사람들은 '터널바위'란 이름을 달아 주었다. 터널바위의 구멍으로는 낙조가 직접 조망되어 사진작가들의 출사지로 알려져 있다. 해 질 무렵 고깃배 한 척이라도 지나가 준다면 더할 나위 없는, 최고의 포토스폿이다.

🎈 ACTIVITY

  트레킹
(4km | 1시간 30분)
수리마을선착장-흑산동분교장-수리마을회관-흑산면사무소 대둔도출장소-수리지(저수지)-흑산도 성당 오리공소-도두마을 승천교회-터널바위

 캠핑

마땅한 캠핑 장소가 없다. 교통수단이 쾌속선과 도선이기 때문에 차를 가지고 입도할 수도 없다. 하지만 학교 관계자의 허락하에 초등학교운동장(수리마을)에서 야영하는 경우가 간혹 있다.

양식일 하는 노인

도선

🍴 FOOD

도목리에 민박을 겸한 식당이 있다. 해산물이 찬
의 주류를 이루며 가짓수가 많은 것은 아니지만
매우 정성스럽다.

대둔분교

🏬 STAY

알려진 숙소로는 도목리 민박식당이 유일하다.
때문에, 목포발 아침 여객선을 타고 대둔도에 들
어가서 탐방 후, 오후에 도선을 타고 흑산도 예리
항으로 나와 숙박하는 것이 안정적일 수도 있다.
하지만 계획에 얽매이지 않는 여행이라면 대둔도
에서의 하룻밤을 직접 만들어봄 직하다.

양식장

📞 REFERENCE SITE & PHONE NUMBER

주요 기관 & 여행 안내
- 신안군청 대둔도출장소 (061-246-2802)
- 흑산면사무소 대둔도출장소 (061-2246-2801)
- 흑산초등학교 흑산동분교장 (061-246-3702)

교통 (도선)
- 엔젤호 (장종근 010-3977-5419)

숙박
- 대둔도민박 (010-5131-3844)

앞바다 가마우지

051 대장도

우리나라 세 번째 람사르습지

소장도

선착장

용두산

습지홍보관

람사르습지

대장도

흑산도에 딸린 섬 대장도는 소장도와 함께 장도란 이름으로 불리는 전형적인 어촌 섬이다. 대장도와 무인도인 소장도는 물이 들고 남에 따라 하나의 섬이 되고 또 각각 섬이 되기도 한다. 대장도에서는 바다에 몸을 반쯤 담그고 갯바위에 붙어 해산물을 채취하는 부녀자들의 모습을 심심치 않게 볼 수 있다. 장도습지는 본디 일제강점기부터 1980년대까지는 농경지로, 그 이후에는 소와 염소의 방목지로 이용되었던 땅이다. 섬이 일반에게 알려진 것은 2005년 국내 세 번째로 람사르습지에 지정되면서부터다. 해발 180m의 분지는 멸종위기의 수달과 매, 솔개, 도롱뇽 등을 포함하여 800여 생물의 서식지로 알려져있다. 마을에서 습지까지는 가파른 데크길을 올라야 하지만 막상 습지에 들어서면 입구의 정자 외에는 아무런 인공 구조물이 없다. 햇살에 반짝이는 초원은 넓고 적막하며 신비하기까지 하다.

일몰

🚢 TRAFFIC

여객선
목포항여객선터미널 → 흑산도 예리항
- 하루 4회 | 소요시간 2시간
- 아침 07:50 배를 타야 환승이 용이함

도선
예리항 → 대장도
- 하루 1회, 10시경 출항 | 25분 소요
- 4~10월은 월, 수 금 증편(15시경 출항)

📷 PHOTO SPOTS

일출과 일몰
대장도선착장에서는 일출과 일몰 모두를 볼 수 있다. 이곳의 태양은 바다 건너편 흑산도 위로 뜨고, 대장도와 소장도 사이, 좁고 먼 수평선 너머로 진다.

소장도 전경
마을에서 습지로 이어지는 일정 높이까지는 나무계단이 놓이고 그 중간에는 전망대가 널찍하게 설치되어있다. 이곳에서는 대장도 선착장과 소장도의 전경이 한꺼번에 조망된다.

🖼 PLACE TO VISIT

장도습지
장도습지는 섬의 능선 170m 높이에 자리하고 있다. 대암산 용늪, 우포늪에 이은 우리나라 3번째 람사르습지로 2005년 등록되었다. 장도습지는 생물의 사체가 쌓인 이탄층이 최대 70~80cm의 깊이로 형성되어있다. 그로 인해 수자원 저장 및 정화기능이 뛰어나 다양한 식물군과 어류, 조류, 곤충류 등이 서식해, 국내 산지 습지 중 가장 완벽한 식생을 갖추고 있는 것으로 평가되고 있다.

장도습지홍보관
선착장 부근에 세워져 있다. 지상 2층 건물로 섬의 현황과 주민의 삶을 포함하여 습지의 생성과 보존, 그리고 서식 중인 희귀 동식물에 대한 자료를 전시해 놓고 있다. 도선 대합실을 겸하고 있다.

🎈 ACTIVITY

  트레킹

장도습지는 연구 및 복원 등의 특별한 사유가 있을 경우만 사전 승인하에 출입할 수 있다. 일반 탐방객들은 마을에서 습지 입구 정자까지 약 700m 구간까지만 탐방이 가능하다. 하지만 이 구간에서도 달팽이나 도마뱀 등을 쉽게 관찰할 수 있다.

 캠핑

간혹 선착장이나 관계자의 허락을 받아 홍보관 옥상에 텐트를 치는 경우가 있었으나 원칙적으로 캠핑이 불가한 지역이다.

바닷일하는 주민

대장도 지킴이

전망대에서 바라본 소장도

FOOD

민박집을 예약할 때, 식사를 제공받을 수 있는지를 반드시 확인해야 한다. 흑산도 예리항에 있는 대형마트 등에서 음식과 식재료를 준비해 오는 것도 좋은 방법이다.

STAY

마을에 민박이 있다. 습지지킴이 김창식 이장에게 문의하면 자세한 정보를 얻을 수 있다.

REFERENCE SITE & PHONE NUMBER

주요 기관 & 여행 안내
- 장도습지지킴이 (김창식 010-8610-1882)

숙박
- 샬롬민박 (010-3631-4867)

습지동물

습지홍보관

습지탐방로

람사르습지

람사르습지

052 홍도

평생에 한 번쯤은

진섬

홍도등대

석화굴

부부탑

만물상

깃대봉

슬픈여

거북바위

공작새바위

단옷섬

탐방전망대

홍도해변

선착장

노적봉

홍도

양산봉

남문바위

상제비여

실금리굴

홍도는 흑산도에서 서쪽으로 22km 지점에 있는 섬이다. 또한, 섬 전체가 홍도 천연보호구역(천연기념물 170호)으로 지정되어있다.

홍도에는 두 개의 마을이 있다. 여객선이 입출항하는 1구는 섬의 중심지다. 골목마다 숙박 시설, 식당들이 그득하고 그 사이로 면 출장소, 성당, 우체국, 탐방지원센터 등도 자리하고 있다. 대부분 관광객은 인프라가 좋은 1구에 이곳에 숙소를 잡고 여정을 이어간다. 2구는 호젓한 어촌마을로 깃대봉 너머로 섬의 북쪽에 있다. 주민들은 홍어 배를 타고 또 공동작업장에서 그물을 손질한다. 또 여자들은 물질하며 채취한 해산물들을 1구에 내다 팔기도 한다.

깃대봉은 2002년 산림청이 지정한 우리나라 100대 명산 중 하나다. 정상에 서면 일 년 내내 건강하고 행복해진다는 기분 좋은 이야기와 더불어 흑산도, 가거도와 태도 3섬의 풍경까지 시원하게 품을 수 있다.

홍도의 지형은 안에서 보는 것도 아름답지만, 바다에서 봐야 진면목을 알 수 있다. 남해의 소금강이라 불리는 홍도의 해안은 기암절벽의 전시장이다. 유람선은 33경의 해안 명소를 차례대로 지나는데, 홍도 10경을 지날 때마다 해설사는 경쾌한 설명으로 그 전설과 그에 얽힌 여러 이야기들을 소개한다.

한편, 유람선이 2구를 돌아 등대 앞바다에서 멈춰서면 작은 어선 한 척이 다가와 붙는다. 유람선 투어의 하이라이트 선상 횟집이다. 부지런한 손놀림으로 우럭회를 뜨고 접시에 담아 올리면 관광객들은 삼삼오오 둘러앉아 소주잔을 기울인다. 눈과 입이 즐거운 한때, 그래서 사람들은 유람선 투어를 홍도 여행의 백미로 꼽는다.

홍도는 과거 우리나라 사람들이 평생에 한 번 꼭 가고 싶은 여행지로 꼽혔다. 그토록 아득했던 섬은 세상이 좋아지고 교통이 편해지면서, 마음만 먹으면 쉽게 오갈 수 있게 됐다. 현재 홍도는 여행의 가성비가 높은 섬으로 알려져 있다. 길지 않은 일정으로 산행에 해안 비경은 물론 풍부한 먹거리까지 두루 섭렵할 수 있기 때문이다. 여행사의 상품으로도 당연히 인기가 높다. 하지만, 홍도는 경험할수록 다양한 여행의 묘미가 있는 섬이다. 혼자서 혹은 가족끼리도 얼마든지 특별한 여정을 만들어갈 수 있다.

유람선

🚢 TRAFFIC

여객선
목포항여객선터미널 → 홍도
- 하루 2회, 07:50, 12:30 출항 | 2시간 30분 소요

선상횟집 | 해녀포차

📷 PHOTO SPOTS

탐방 전망대
탐방 전망대는 1구 홍도분교 위편에 있다. 숙소에 여장을 푼 여행객들이 가장 먼저 찾아가 인증샷을 찍는 곳이다. 마을과 선착장, 몽돌해변 그 뒤편으로 양산봉을 포함한 홍도의 절반이 오롯하게 조망된다. 내로라하는 절경이 한참이나 남아있음에도 여행객들은 첫인상을 가슴에 담고 진심으로 감탄한다. 섬이라는 특수성에 더해, 멀리 떠나왔다는 뿌듯함이 감동의 지수를 상승시키기 때문이다.

홍도10경 (유람선 투어)
남해의 소금강이라 불리는 홍도의 해안은 기암절벽들의 전시장과 같은 모습을 하고 있다. 유람선은 33경의 해안 명소를 지난다. 그중에서도 홍도 10경은 해설사의 경쾌한 말솜씨로 소개되며. 스폿을 지날 때마다 배를 멈춰 가까이서 살펴보고 사진 찍을 시간을 배려한다. 28,000원 요금이 아깝지 않을 만큼 많은 사진을 얻을 수 있다.

탐방전망대

홍도등대

등대문화유산 제3호 홍도등대는 1931년 '조선총독부 체신국 홍도등대'란 이름으로 처음 불을 밝혔다. 일제가 물러간 뒤에는 등대 건설에 동원됐던 마을 주민들에 의해 한동안 관리되기도 했다. 내부에서 등탑으로 올라가는 주물 사다리가 원형 그대로 보존되고 있으며 국립등대박물관에서 주관하는 스탬프투어 15등대 중 하나로 그 위상을 뽐내고 있다.

청어미륵

깃대봉 탐방로 4~5부 능선에 세워진 2기의 돌로 남미륵(남자미륵), 여미륵(여자미륵)이라고 불렀고 1구의 이름을 따 '죽항미륵'이라고도 한다. 홍도가 청어 파시로 호황을 이루던 시절, 어느 날부턴가 그물을 던지면 청어 대신 둥근 돌만 걸려 나왔다. 이를 이상하게 여기던 차, 한 어민이 꿈에서 그 돌을 깃대봉 좋은 곳에 모시면 풍어가 든다는 계시를 받게 되었다. 어민들이 그 말대로 행하자 다시 고기잡이를 나갈 때마다 청어 만선을 할 수 있었다는 이야기가 전해진다.

연인의 길

동백나무, 후박나무, 구실잣밤나무, 황칠나무 등으로 이뤄진 상록 활엽수 숲길은 깃대봉 탐방로 중 가장 아늑하고 편안한 코스다. 특히 각기 다른 뿌리에서 나와 한 몸의 나무가 된 구실잣밤나무 연리지를 지나면 사랑이 이뤄지고 부부 금슬이 더 좋아진다고 해서 연인의 길로 명명하였다.

숨골재

한 주민이 절구공이로 쓸 나무를 베다 작은 굴에 빠뜨렸다. 다음날 고기잡이를 하나 나무를 주웠는데 자세히 보니 전날 빠뜨린 나무였다. 그로 인해 굴이 바다로 통함을 알았고 숨골재라 부르기 시작했다. 숨골재는 여름에는 시원한 바람이 겨울에는 따뜻한 바람이 나온다고 알려져 있다.

숯가마터

숯가마터 주변은 참나무 자생지로 숯을 굽기에 알맞은 조건을 갖추고 있다. 숯가마는 전면에는 아궁이가 뚫려있고 뒷면에는 굴뚝 기능의 구멍이 나있다. 홍도에는 총 18기의 숯가마터가 있는데 1940년대까지 숯을 만들다 이후 사용하지 않았다. 이곳에서 만든 숯은 식량과 소금을 사는 데 이용됐으며 빗물을 받아 둔 항아리에 넣어 정수의 용도로 쓰기도 했다.

남문바위

ACTIVITY

트레킹
(왕복 8.4km | 4시간 30분)
홍도1구-탐방전망대-깃대봉-2구-홍도등대

캠핑

섬 전체가 천연보호구역인 홍도에서는 야영과 취사가 전면 불가하다.

유람선 관광
(20.19km | 2시간 22분 소요 | 25,000원)
홍도항-도승바위, 남문바위-실금리굴-원숭이바위-도담바위-거북바위-만물상-부부탑-석화굴-독립문바위-슬픈여-공작새바위-홍어굴-노적산-홍도항

깃대봉

FOOD

식당은 숙소와 함께 운영하는 형태가 많다. 슈퍼와 치킨집을 포함, 막걸리를 만들어 파는 간이식당들이 있어 선택의 폭이 넓은 편이다. 생선회나 음식값은 다소 비싼 편이나 섬이라는 환경의 특성상 이해할 수 있는 수준이다.
특히 해녀포장마차는 2구 해녀들이 직접 물질해 잡거나 흑산도에서 건너온 전복, 홍합, 소라, 해삼 등을 모둠 혹은 단품으로 먹을 수 있다. 특히 자연산 홍합은 꼭 먹어봐야 한다. 사골국물처럼 뽀얗게 우러난 국물은 담백·개운한 맛이 그만이며, 찰진 홍합살의 고소함까지 경험하고 나면 홍도에서의 하루를 잊지 못할 추억으로 마무리된다.
해녀포장마차 모둠해물 30,000원, 유람선 선상 횟집 우럭회 한 접시 35,000원이다.

STAY

신안군청의 숙소정보에 의하면 홍도에는 1구에 56곳, 2구에 11곳의 숙박시설이 있다.
하지만 실제로 운영하는 곳은 그에 다소 못 미친다. 모텔, 여관, 민박이 대부분이고 취사를 할 수 있는 펜션계열의 숙소는 찾기가 어렵다.
2구의 숙소를 예약하면 여객선 도착 시각에 맞춰 배가 마중 나온다.

홍도 등대

홍어 주낙손질

📞 REFERENCE SITE & PHONE NUMBER

주요 기관 & 여행 안내
- 신안군홍도관리사무소 (061-246-3700)
- 홍도 남해고속사무실 (061-246-3977)
- 홍도탐방지원센터 (061-246-2257)
- 홍도등대 (061-246-3888)

숙박
- 하나로모텔 (061-246-2197)
- 서해호텔 (061-246-3764)
- 바다민박 (061-246-3802)
- 천사호텔 (061-246-3758)
- 등대펜션민박 (061-246-2211)

- 탑아일랜드 (061-246-7777)
- 동백장 (061-246-2489)
- 비치모텔 (061-246-3743)
- 그린텔 (2구 | 061-246-2565)
- 대흥여관 (2구 | 010-246-3868, 010-3631-9950)
- 서진장 (2구 | 061-246-3636)

음식점
- 해인산장횟집 (010-2661-2600)
- 대한횟집 (061-246-3757)
- 홍도광성횟집 (061-246-1122)

홍도 1구

홍도 2구

홍도 8경 독립문 바위

053

하태도

곱게 화장한 섬이 식상해질 무렵

물새끝

새깨미

발전소

대목

선착장

하태도

큰산

봉은넘

흑산과 만재도 사이에 있는 세 개의 섬을 태도라 부른다. 그 중 하태도는 세 개의 섬 중 가장 남쪽에 있는 섬이다. 지도에서 보면 등에 목이 긴 낙타처럼 생겼다. 사람이 사는 마을은 등에 난 혹의 안쪽 부분만을 차지하며, 커다란 몸집을 이룬 산지가 섬의 나머지 대부분을 이룬다. 선착장에서 마을까지의 거리는 약 500m 정도의 거리가 있으며 그 사이 해안으로는 백사장이 펼쳐져 있다. 여름철 해수욕을 즐길 수 있는 태도 3개 섬의 유일한 해변이다.

마을에는 흑산초등학교 하태분교가 있다. 하지만 재학생이 없어 휴교 중이다. 하태도를 찾는 관광객의 절대다수는 낚시꾼들이다. 다른 사람들은 산행을 위해서 혹은 백패킹을 목적으로 온다.

과거 흑산홍어의 명성 속에는 태도 바다와 섬 주민들의 몫도 있다. 하지만 그 맥은 1990년대에 끊겼다. 지금은 다른 흑산군 섬들과 같이 전복양식에 주력하며 부근의 무인도에서 홍합 등을 채취해 살아간다.

섬의 북서쪽으로 좁고 길게 뻗어 난 북릉은 무려 길이가 1.9km나 된다. 능선 조망터에서 보면 양쪽으로 바다를 거느린 채 거침없이 이어진 초지의 풍광이 대단히 힘차고 멋스럽다. 먼 섬은 여행자에게 찾아온 거리만큼의 보상을 꼭 해준다.

다시마 널기

TRAFFIC

여객선
목포항여객선터미널 → 하태도
- 하루 1회, 08:10 출항 | 3시간 30분 소요

PHOTO SPOTS

상태도 종선
태도의 세 개 섬 중에 여객선이 기항할 수 있는 선착장을 가진 섬은 하태도가 유일하다.
나머지 섬들은 여객선이 들어올 시간이 되면 종선을 내보낸다. 이때 바다 한가운데서 사람들이 뭍이나 흑산도에서 실려 온 생필품들과 함께 종선으로 옮겨타는 특별한 광경이 연출된다.

저녁 단상
하태도 해변은 U자형으로 깊게 만입되어있다. 저녁이 되면 마을 사람들은 물 빠진 해변에서 나가 떠밀려온 다시마를 주워 선착장과 해안가에 널어 놓는다. 어찌 보면 평화롭고 정취가 느껴지는 그림이지만 달리 생각하면 고단한 섬 삶의 일부이기도 하다.

ACTIVITY

🏃 트레킹

1코스 (2.2km | 1시간)
마을상수도–높은산–붉은넢–송신탑–발전소

2코스 (5km | 2시간)
마을상수도–대목–새끼미–물새끝(반환점)–새끼미–대목–마을상수도

3코스 (5km | 2시간)
보건소–큰산–목너끝–큰산–보건소

캠핑

흑산초등학교 하태분교가 휴교하면서 주민들은 운동장에서의 캠핑을 배려하고 있다. 마을 뒤편의 섬 능선에 텐트를 칠 때는 피칭을 단단히 해서 바람에 대비해야 하며 독충과 뱀 등을 조심해야 한다.

폐교

낙조

상태도 종선

🍴 FOOD

하태도에는 식당이 없다. 주류와 음료, 라면 등을 파는 슈퍼가 한 곳 있지만 가끔 문을 닫는다. 낚시 투어를 겸하는 민박의 식단은 따로 정해진 것이 없다. 대신, 해산물이 매우 푸짐하게 제공된다.

🏨 STAY

낚싯배를 운영하는 하나로민박 외에 다수의 숙박 시설이 있다.

📞 REFERENCE SITE & PHONE NUMBER

주요 기관 & 여행 안내
- 전남목포경찰서하태도치안센터 (061-270-0177)
- 흑산면사무소 태도출장소 (061-240-8618)

숙박
- 하나로민박 (낚싯배 | 박상두 선장 010-4632-3669)
- 산호민박 (010-4242-7923)
- 태양민박 (061-246-2437)

마을

홍합 까기

하태도해수욕장

054

만재도
섬에서의 시간은 왜 이리 짧은지

외마도

내마도

등대

선착장

짝지해수욕장

우실

미남바위

쥐머리

물생산

장바위산

만재도는 현재는 흑산면에 속해있다. 하지만 불과 1980년대 초반까지만 해도 진도군 조도면의 섬이었다. 지도에서 보면 흑산도와의 거리보다 조도와의 거리가 가깝다. 맹골군도의 죽도에서 서쪽을 바라보면 망망대해에 홀로 떠 있는 섬이 만재도다. 만재도는 최고점이 177m에 불과한 마두산을 배경으로 단 하나의 마을이 들어서 있다. 섬마을의 옛 정취가 남아있는 낡은 가옥과 가옥 사이에는 사이사이 좁다란 돌담길이 미로처럼 늘어섰고 간간이 밭들도 옹색하게 놓였다. 그중에는 '삼시세끼' 세트장으로 사용했던 마당 너른 집도 성수기 때만 간혹 문을 연다는 '내 맘대로 슈퍼'도 있다. 마을 앞 바닷가에는 '짝지'라 불리는 몽돌해변이 초승달 모양으로 가느다랗게 펼쳐져 있다.

보건소는 마을에서 가장 큰 건물이다. 그것이 들어서 있는 자리는 과거의 학교터로 마당을 마주하고는 섬에서 유일한 펜션이 들어서 있다. 발전소 옆길로는 마두산으로 오르는 산책로가 마련되어있다.

만재도는 크게 T자 모양을 하고 있다. 가로 능선이 북서풍을 막아주는 대신 동서로 솟은 세로 능선으로는 거친 바다에 깎여나간 해안절벽이 짙푸른 바다와 어우러져 절정의 풍색을 이룬다.

섬의 면적은 0.59km²에 지나지 않는다. 그래서 이 섬을 여행할 때는 서두르거나 부지런해서는 안 된다. 마치 맛있지만, 양이 모자란 음식을 먹듯이 찬찬히 음미하고 즐겨야 하는 섬이 바로 만재도이다.

TRAFFIC

여객선
목포항여객선터미널 → 만재도
- 하루 1회, 14:40 출항 | 2시간 25분 소요
※ 만재도 → 목포항여객선터미널 (하루 1회, 08:45 출항)

PHOTO SPOTS

한눈에 보는 만재도
몽돌해변 뒤편으로는 주상절리의 벽을 타고 섬 능선이 길게 뻗어있다. 만재도의 오롯한 모습을 감상하려면 마구산보다는 오히려 능선이 적소다. 마을과 선착장 그리고 마구산, 섬을 둘러싼 무인도와 여까지, 만재도는 어느 곳 하나 소홀함 없는 최상의 자연미를 가졌다.

흔적
먼 섬에는 고단했던 삶의 단면을 보여주는 흔적들이 많이 남아있다. 폐가나 돌담은 물론이고 맷돌, 놋그릇 등 지금은 사용하지 않는 생활 도구도 예기치 않게 만나게 된다. 반쯤 부서지고 세월의 때가 덕지덕지 붙은 모습에서 애틋함이 느껴진다면 그 또한, 섬 사진의 의미 있는 소재가 된다.

PLACE TO VISIT

등대
마구산 정상부에 있다. 이 자그마한 등대는 34km 동쪽의 맹골죽도등대와 더불어 제주 서쪽 해역과 서해안 항만을 오가는 선박들에 중요한 지표가 된다.

짝지해변
짝지는 몽돌의 순우리말이다. 선착장에서 마을 앞으로 이어진 해변에는 빛깔 고운 몽돌이 완만하게 깔려있어 산책을 하거나 사색을 즐기기에 좋다. 해변 뒤편의 작은 웅덩이에는 밀물에 들어왔다가 나가지 못한 바닷물이 고인다. 마치 양면해변 같은 정경이 운치를 자아낸다.

〈삼시세끼〉 촬영지

한눈에 보는 만재도

짝지해변

만재도 해안풍경

ACTIVITY

트레킹
(4km | 2시간)

선착장-보건소-큰산(마구산)-등대-짝지해변-
미남바위-앞산(장바위산)-마을

캠핑

짝지해수욕장에 텐트를 칠 수 있다. 단 2박 3일
의 여정이라면 화장실과 식수 등을 협조받을 수
있는 1박 민박, 2박 캠핑을 권한다.

FOOD

식당은 없다. 하지만 민박집의 반찬은 해산물에
후하다. 또 직접 만든 막걸리를 내놓기도 한다.
부근의 무인도에서 채취된 자연산 해산물 중 홍
합과 거북손은 크고 맛도 좋기로 유명하다. 이것
들은 다른 해산물들과 같이 급랭되어 목포로 보
내지는데 '청정마을만재도'란 사이트를 통해 일
반 소비자에게 판매가 된다.

STAY

마을 내에 민박하는 집이 몇 곳 있으나 만재도 펜
션과 발전소 일을 겸하고 있는 최상복 씨 민박 외
에는 운영이 들쭉날쭉하다. 특히 늦가을에서 이
른 봄까지는 뭍으로 나와 사는 주민들이 많으니
신중하게 여행을 계획해야 한다. 이장에게 연락
하면 도움을 받을 수 있다.

REFERENCE SITE & PHONE NUMBER

주요 기관 & 여행 안내
- 청정마을만재도 (만재도 먹거리쇼핑몰 | www.manjaedo.com)
- 최규환 이장 (010-7174-8654)

숙박
- 만재도펜션 (061-275-1185, 010-4043-5866)
- 최상복 씨 민박 (010-6262-7193)
- 이준식 씨 민박 (010-5340-9866)

만재도 흔적

민박집 밥상

만재도 선착장

등대

포토존

055 가거도

평생을 그리워하게 될지도 몰라

가거도등대

신성봉

대풍리

빈지박

가거도

독실산

섬등반도

매바위

삿갓재   능선조망대

화룡산   김부연하늘공원

선착장   동개해수욕장

가거도는 목포에서 직선거리 136km 뱃길로는 230여 km 떨어진 우리나라 서남해 끝 섬이다. 가거도에는 3개의 마을이 있다. 여객선 선착장을 앞에 두고 있으며 행정시설과 학교, 민박, 식당 등이 밀집해있는 1구 대리, 섬등반도가 있는 2구 항리, 백년등대 인근의 3구 대풍리가 그것이다. 면적은 여의도와 비슷한 크기지만 중심에 해발 639m의 독실산이 버티고 있어 마을 간의 이동이나 탐방은 쉬운 편이 아니다. 대중교통이 없는 가거도에서 이동수단은 민박 차량이나 낚싯배 그렇지 않으면 도보에 의존해야 한다. 하지만 차를 빌려 타는 비용이 만만치 않아 이 점을 고려하여 여행의 동선을 짜야 한다.

가거도의 대부분 길은 삿갓재(샛개재)라는 섬 중턱의 삼거리를 지난다. 이곳에서 해안을 따라가면 섬등반도와 2구 항리, 독실산 능선의 고개를 넘으면 대풍리와 등대로 가게 된다. 섬등반도는 공룡의 꼬리가 바다로 뻗어난 모양이 마치 굴업도 개머리언덕을 연상시키는 높이 100m의 해안절벽이다. 단, 굴업도의 개머리언덕이 여성적인 부드러움을 가지고 있다면 이것은 흡사 남성의 근육과 같은 힘찬 모습을 가지고 있다.

가라지(전갱이 종류) 파시가 성황을 이뤘던 50~60년대엔 가거도 주민 수가 1500명을 넘었다.

항리에도 80여 가구가 살았지만, 지금은 채 10가구가 남지 않았다. 골목을 들어서면 마을은 20여 년의 시간에서 멈춰버린 느낌이다. 대풍리는 가거도의 3개 마을 중 가장 열악한 환경을 가지고 있다. 도로가 놓인 지도 채 5년이 되지 않는다. 바닷가 급경사를 따라 하나둘씩 내려선 가옥들엔 풍파의 흔적이 남아있다.

가거도의 자연은 거칠고 담대하지만, 섬사람들의 삶은 그로 인해 척박했다. 경이로움과 애틋함이 공존하는 섬 가거도, 여유 있는 일정으로 여행을 계획한다면 평생을 추억하게 된다.

섬등반도

🚢 TRAFFIC

여객선

목포항여객선터미널 → 가거도

- 가거도로 가는 아침 배는 격일제, 오후 배는 매일 운항한다. 목포항을 오후 3시에 출항하는 이 배는 만재도를 거쳐 가거도로 가는 직항 노선(3시간 20분 소요)이다.
- 출항시간 : 목포항 08:10, 14:40, 가거도 07:40, 13:00

📷 PHOTO SPOTS

섬등반도 낙조

섬등반도는 백령도의 두무진과 함께 우리나라에서 해가 가장 늦게 지는 곳이다.
세계적인 사진작가 마이클 케나가 촬영을 위해 일주일이나 머물렀을 만큼 이곳의 일몰은 아름답다. 그리고 독실산을 타고 오르는 거친 S자 도로 또한 섬등반도에서 볼 수 있는 절묘한 풍경이다.

김부련하늘공원

김부련 열사는 가거도 출신으로 4·19혁명 때 학생 신분으로 순국했다. 그의 이름을 딴 공원은 가거도항 안쪽에 위치하며 산기슭에 탐방길을 만들어 조성했다. 이곳에서 바라보면 동개해수욕장의 전경과 선착장, 1구 대리마을, 삿갓재, 독실산 등 가거도의 반이 시원하게 조망된다.

🖼 PLACE TO VISIT

독실산

독실산(해발 639m)은 신안군에서 가장 높은 산으로 난대수림이 주류를 이룬다. 정상부는 구름이나 해무에 싸여 있을 때가 많아 일 년 중 쾌청일 수는 대략 70일에 불과하다. 정상으로 가는 길은 다양하지만 3구로 이어지는 독실산 삼거리에서 곧장 올라가기가 가장 쉽고 편하다. 이때 정상 부근까지 차량 이동도 가능하다.

가거도등대

가거도 북쪽 끝에 있는 등대로 백년등대라고도 부른다. 일제강점기 때 가거도의 명칭은 소흑산도였다. 가거도등대는 1907년 처음으로 불을 밝힌 후 흑산도등대란 이름으로 불리다 2013년, 등록문화재로 등재되면서 비로소 제 이름을 찾았다. 등대로 가기 위해서는 얼마 전까지만 해도 배를 타거나 독실산을 넘어야 했지만, 2017년 말에 도로가 이어지면서 차량이 오갈 수 있게 되었다.

독실산 정상

항리

ACTIVITY

 트레킹

종주 코스 (24.9km)
선착장-동개해수욕장-삿갓재-회룡산-섬등반
도-항리마을-독실산 정상-100년등대-대풍리-
독실산삼거리-삿갓재-대리

탐방 코스
- 1구간 (3.8km | 3시간)
동개해수욕장-달뜬목-삿갓재
- 2구간 (6.3km | 3시간)
1구마을-회룡산-섬등반도
- 3구간 (2.7km | 2시간)
삿갓재-매바위-독실산삼거리
- 4구간 (6.2km | 3시간)
독실산삼거리-빈지박-백년등대
- 5구간 (2.9km | 2시간 30분)
백년등대-전망좋은곳-독실산정상
- 6구간 (1.9km | 2시간)
섬등반도-노을전망대-신선봉

- 7구간 (1.8km | 2시간)
독실산 정상-전망좋은곳-섬등반도

가거8경
- 제1경 : 독실산 정상의 조망
- 제2경 : 회룡산과 장군바위
- 제3경 : 돛단바위와 기둥바위
- 제4경 : 섬등반도의 절벽과 망부석
- 제5경 : 구곡의 앵화와 빈주바위
- 제6경 : 소등의 일출과 망향바위
- 제7경 : 남문의 해상터널

 캠핑

섬등반도의 항리분교터와 동개해수욕장 부근이
숙영지로 공유되었지만, 섬등반도는 2020년 국
가문화재 명승 117호로 지정되면서 캠핑이 불
가하고 동개해수욕장은 선착장공사로 인해 어
수선하다.

가거도 등대

🍴 FOOD

가거도는 다양한 어종이 잡히는 낚시의 천국이다. 생선회를 먹기 위해서는 숙소에 미리 부탁해 두는 것이 좋다. 생선구이나 탕은 식사 때마다 빠지지 않을 정도로 넉넉하다. 가거도 막걸리는 후박나무껍질을 불린 물에 엉엉퀴, 더덕, 우슬 등을 넣어 만들어 맛이 깊고 진하다. 지금도 2구 항리에는 전통방식으로 막걸리를 제조해 파는 할머니가 두 분 사신다. 직접 찾아가 구매해야 하며 가격은 1.8리터 한 병에 10,000원이다.

- 가거도중앙식당민박 : 자연산 회 (VJ특공대 733회)
- 다희네민박 (한국기행 3,000회)

🏨 STAY

숙소는 대부분 모텔식이다. 대부분 식당을 겸하고 있어 여행객은 대개 한 곳에서 숙식을 해결하게 된다. 방값은 2인 기준 5만 원, 식사는 한 끼에 13,000원으로 어느 곳이든 균일하다. 주로 1구 대리마을에 집중되어 있지만 항리와 대풍리에도 시설이 있으며 숙박을 정하면 선착장까지 픽업을 나오므로 교통비를 절약할 수 있다.

항리의 섬누리민박은 가거도를 대표하는 민박이다. 마이클케냐, 노회찬 의원, 노희경 작가 등이 이곳에 묵었다. 창 너머 섬등반도를 조망할 수 있으며 빼어난 일몰 뷰를 자랑한다.

📞 REFERENCE SITE & PHONE NUMBER

주요 기관 & 여행 안내
- 흑산면 가거도출장소 (061-240-8620),
- 가거도등대 (061-246-5553)

음식 및 숙박
- 섬누리펜션 (항리 010-8663-3392)
- 다희네민박 (항리 010-9213-5514)
- 가거도중앙식당민박 (061-246-5467)
- 한보민박 (061-246-3413)
- 중앙식당민박 (010- 9882-5467)
- 해인식당 (061-246- 1522)
- 둥구횟집 (061-246-3292)

항리 폐교터

동개해변

회룡산에서 바라 본 가거도항